TANGO HOUSE

탱고 하우스

라이프스타일에 따른 1:1 맞춤형 주택

TANGO HOUSE

서용식×김영주

수목문화컨텐츠

이 세상에 머리카락 한올, 낟알 하나도 똑같지 않듯이
똑같은 의견이란 있을 수 없다.
세상 모든 것들이 지닌 가장 보편적인 특성은
바로 다양성이다

_ *미셸 드 몽테뉴Michel Eyquem de Montaigne*

프롤로그

음악마다 느낌이 다르고,
나와 파트너의 컨디션과 감정 상태가 매일 다른데,
똑같은 스텝의 나열로 춤추는 것은 있을 수 없는 일이다.
그래서 같은 곡이라도 파트너에 따라 느낌이 다르고,
같은 파트너와 같은 곡을 추게 된다 해도
그날의 상태에 따라 춤이 달라진다.

탱고를 추면서 가장 중요한 것은,
두 사람이 같이 '무엇을'했느냐가 아니라
'어떻게'했느냐이다.●

세계의 수많은 춤 중에서도 탱고Tango는 두 사람이 마치 한 몸처럼 호흡을 맞추는 것이 중요합니다. 마음을 열고, 파트너를 내 안에 완전히 받아들여 안아야지만 비로소 춤이 가능해진다는 탱고. 최근에는 이러한 탱고가 실시간Real Time으로 소비자와 밀고 당기면서, 시시각각변하는 소비자의 반응을 보고 생산을 준비하는 소비자 맞춤 '경영기법'의 하나로도 떠오르고 있습니다. 만인을 위해 만 가지 제품과 서비스를 공급해주는 것. 이것을 바로 '탱고경영'이라고 합니다.

만일 이것이 주택에 적용된다면 어떨까요?

실제 거주하고자 하는 거주자의 스타일과 개성에 따라

끊임없이 감정을 교류하고, 이해하며, 실시간으로 그들의 요구에 반응할 수 있다면? 그래서 마치 탱고를 추듯 상대가 움직이는 호흡에 맞추면서 비로소 '나만을 위한 집'이 만들어 질 수 있다면?

이제는 주택도 문화, 지역, 연령대, 취향 그룹 등 소비자의 유형과 요구가 다양해진 만큼 그 특성을 구체적으로 파악해서 상품에 반영하는 맞춤형 서비스가 이루어 져야 합니다. 반려동물과 함께 사는 사람들을 위한 '펫 하우스Pet-house', 악기연습실이 있는 음악가들을 위한 '뮤지션하우스Musician House', 오토바이를 취미로 하는 사람들을 위한 '바이커스맨션Biker's Mansion', 프라이버시가 필요한 개인 공간 외에 거실과 주방을 공유Share하는 '셰어하우스Share House' 등 주택의 종류뿐만 아니라 평면 설계부터 입면 디자인, 각 공간별 가구, 가전, 인테리어……. 그리고 거주자에 따른 다양한 생활서비스와 운영관리에 이르기까지 만인을 위해 만 가지의 주택을 만들 수 있는 것이 바로 탱고하우스Tango House입니다.

탱고하우스는 단순히 주택상품을 만들어 내는 '방식'이 아니라, 나아가 주거문화의 패러다임을 바꾸어 놓을 것입니다.

멈춤, 걷기, 흐름.
눈빛이 부딪히는 순간, 춤이 시작된다.

기다리기, 배려하기, 교감하기.
그렇게 서로 교감하며 동화된 두 사람이

어느덧 둘인 동시에 하나임을 느끼는 순간,
당신도 이렇게 말하게 될 것이다.
'네 개의 다리, 한 개의 심장'이라고…….●

● 화이(부에노스아이레스 세계탱고대회 1위)저서 『탱고 레슨』 중에서

주택은 인간의 삶을 담는 그릇이고, 행복의 가장 기본적인 조건입니다. 주택을 통해 인간은 누구나 행복할 권리가 있습니다.

'사람들이 어떻게 하면 행복하게 더 잘 살 수 있을까?'
그대, 행복한 家.
그대, 꿈꾸는 家.

이러한 물음으로 진심을 다해 사람들의 마음을 읽고, 그들의 삶을 담고, 그들과 비로소 하나가 되어 진정으로 행복한 탱고하우스를 완성시켜 나가겠습니다.

더 나은 주거문화를 만들기 위해 쌓아온 그동안의 노하우, 새로운 도전……. 당장의 만족보다는 '남기고픈 유산'을 향해 나아가리라 가슴에 새기며, 마지막으로 저와 함께 비전을 공유하며 협업해준 수목 가족들(수목건축, 수목건축사사무소, 수목 부동산자산관리, 플러스엠 파트너스)과 협력사에 깊은 감사의 말을 대신하고 싶습니다.

2013년 여름
수목건축 서용식

I. 탱고하우스 그대 꿈꾸는 家

II. 탱고하우스 디자인 가이드북

III. 탱고하우스 실전사례

+ 부록

I.

탱고하우스
그대 꿈꾸는 家

정말로 좋은 디자인이 나오려면
단순히 외관이 보기에 좋은 것만이 아닌
만드는 사람이나 사용하는 사람 양측이
제품의 본질을 완벽하게 이해할수 있어야 한다.

그러기 위해서는
그 과정이 보다 구체적이고, 실제적이면서도
핵심만을 압축한
쉽고 단순한 것이어야 한다.

MEET YOUR SOULMATE!

나를 위해 디자인된 세상 단 하나뿐인 운동화.
더욱이 그것이 나이키라면?
나이키 마니아라면 한번쯤 상상해봤을 법한 일이 온라인 스튜디오와 오프라인 매장에서 활발히 이뤄지고 있다.

나이키 아이디 홈페이지에서 기본 디자인과 소재, 칼라 등 단계를 따라 클릭클릭. 누구나 시도해볼 수있는 아주 쉬운 방법으로 '나만의 운동화'를 확인할 수 있다. 지퍼를 달지말지, 운동화 끈은 어떤 칼라로 할지 지극히 디테일한 부분 하나하나에도 자신만의 고민이 담기게 되고, 이니셜이나 의미있는 문구를 추가하는 마지막 화룡정점을 찍고나면 드디어 세상 하나뿐인 "나이키 아이디"가 완성되는 것이다.[1]

아직 한국에는 정식 프로세스가 작동되기 이전이라, 인터넷 직구매 또는 구매대행을 통하는 방법이 일반적인데, 보다 적극적인 소비자들은 미국, 일본, 중국 등지의 원정 쇼핑 통해 꿈의 나이키를 만나고 있으니 나이키사의 맞춤 전략은 가히 주목할 만한 성과를 거두고 있다 하겠다.

1 나이키의 품질로, 나이키의 기본 디자인을 바탕으로 자신의 개성이 발휘되도록 WWW.NIKEID.COM 에서 나를 위한 맞춤 서비스를 시도해보자.

2 MADE-TO-MEASURE의 약자로서, 의류업계에서 '기성복 READY TO WEAR'와 구분되어 쓰이는 맞춤복, 혹은 맞춤서비스를 일컫는다. 한층 더 까다로워지는 소비자의 니즈에 부응하기 위한 마케팅 전략의 일환으로서 최근 들어 몇몇 명품 브랜드들이 매우 구체적인 프로세스를 마련하고 전문가를 배치시켜 MTM 서비스를 진행하고 있다.

품격 있으면서도 활동적인 의류 브랜드로 손꼽히는 R 매장은 지난 2011 가을시즌부터 대상 고객층을 더욱 세분화하였다. 퍼플, 블루, 블랙 라벨에 MTM이 가미된 확장된 이 서비스로 소비자 진입 경로를 넓히며 까다로워진 입맛에 유연하게 대처해 오고 있다. 전문가SPECIALIST의 조언과 함께 원단에서부터 마지막 디테일 하나까지 선택한 뒤 이탈리아 장인이 제작하는 이 회사의 수트는 하이엔드HIGH-END를 원하는 소비자들에게 최적의 방식이다. 타 명품 브랜드들이 최상위의 특별한 고객만을 위한 제한적인 MTM서비스[2]를 제공하는 것과는 사뭇 다르다.

일대일맞춤 서비스는 유행에 민감한 패션업계만의 일시적 트렌드가 아니다. 기기만을 구입해 사용자가 자신에게 필요한 앱APP.을 다운받아 만들어가는 아이폰은 모바일 생태계에 일대 혁신을 불러왔으며, 지갑속 맞춤서비스를 구현하기 위해 때때마다 기발한 상품을 내놓는 카드사들을 보면 '맞춤'의 경향은 업종을 아우르는 우리사회 전반의 흐름이라 할 수 있겠다. 이제 소비자의 눈높이는 최소 이 이상이 된 것이다.

이러한 현상에 대해 세계적인 마케팅 권위자 필립 코틀러 박사는 "모든 것을 바꿔놓을 새로운 시장이 도래"했다고 선언한

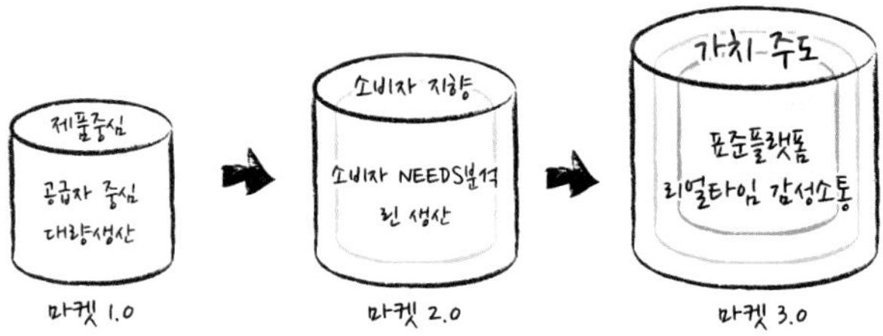

다. 그의 저서 <마켓 3.0>에 따라 시장의 변화를 간략한 다이어그램으로 살펴보자.

우리는 인터넷을 통한 정보 대중화로 이전 어느 시대와도 비할데 없는 똑똑하고 까다로운 소비자군을 만나고 있다. 일찍이 미래학자 앨빈 토플러가 예견했던 이른바 생산소비자 PROSUMER[3]인 셈이다. 이들은 자신이 구입할 제품이 어떠한 사양을 갖추었는지, 어느 국가에서 생산되었는지, 비슷한 타사의 제품과의 차별성이 무엇인지, 가장 저가로 구입할 수 있는 경로는 어떤 것인지, 제조사의 평판은 어떠한지에 대해 심사숙고하여 종합적 판단하에 구입을 결정한다. 결제버튼을 누르기 0.001초 전 까지도 변심할 수 있는 갈대 같은 소비자이다. 이러한 과정은 블로그나 카페를 통해 날날이 공유되고 또 다른 피드백을 형성하고 있으니 생산에 지대한 영향을 끼치지 않을 수 없는 것이다. 직접 생산주체가 되어 DIY 방식을 채택하는 이들도 있으니 기업들이 자신의 편의대로 소비자 계층을 몇 개의 유형으로 분류, 공략했던 마켓 2.0 시대는 그 매력을 잃고 더이상 '차별화'라 부를 수 없게 된 것이다.

3 사람들은 수동적 소비를 원치 않으며 자신들에게 의미있는 제품의 개발과 창조에 직접 참여하고 싶어한다. 프로슈머는 생산자 (PRODUCER)와 소비자 (CONSUMER)의 합성 신조어로서 소비자들이 제품 생산에 점점 더 많은 통제권을 행사하게 되는 현대 시장의 특징이다.

누군가 단독주택을 한 채 짓겠다 마음 먹으면 포털사이트에 검색을 하여 다른 이들의 집짓기 과정 포스팅을 꼼꼼히 살펴본다. 서점에 가서 참고서적들을 적어도 몇권 섭렵하고, 더 적극적인 이들은 자재업체에 직접 연락해 견적을 받기도 한다. 기획설계를 의뢰하여 설계사무소 역시 나름의 비딩을 붙여본다.

재건축 아파트 조합의 예도 살펴보자. 일단 재건축이 결정되고 인터넷 공간에 카페가 설립되고 나면 조합원들은 그 누구보다 부지런하고 성실하고 민첩한 정보원이 된다. 이들은 주변 시세 등 가격정보 교환 뿐 아니라 우리집 마루가 강마루인지 강화마루인지, 장단점이 무엇인지, 심지어 옆동네 아파트 마루는 무엇으로 되었는지 까지 전문가가 혀를 내두를 정도로 각 부분을 궤뚫고 여럿의 목소리로 압력을 가한다. 이러니 건설사들이 짓기도 전에 줄을 서 사가던 '좋은 시절'은 다 지났다며 탄식을 하는 것이다.

내가 만든 물건을 타인에게 파는 것은 세일즈이고, 타인이 필요로 할만한 물건을 만들어 파는 행위를 마케팅이라고 한다. 마케팅의 초점은 고객이 원하는 포인트를 정확히 분석, 겨냥하기 때문에 단순 세일즈와는 차원이 다른 서비스를 제공할 수 있다. 물론 다른 성과가 나는 것은 지극히 당연한 일이다.

우리 생활 속에 깊숙이 들어와 어느새 작동하고 있는 마켓 3.0시대, 소비자의 높아진 눈높이에 맞춰 생산자도 진화해야 할 때가 도래했다. 바꿔 말하면 소비자들은 보다 스마트한 제품을 요구할 수 있는 시대를 살고 있는 것이다. 이 과정은 소비자와 생산자 간의 지루한 눈치 싸움이 아니라 서로 눈빛을 교환하고, 호흡을 맞추고, 리듬을 느끼는 한편의 탱고가 될 것이라 예상한다. 이제는 그 고지식한 건축에서조차!

우리가 꿈꾸는 행복한 건축은?

시대마다 환영받는 미남스타일이 있다. 모성본능을 자극하는 꽃미남, 조각 같은 외모는 아니더라도 배려심 넘치는 훈남, 속이 꽉찬 만두남, 세련미의 차도남, 귀여운 연하남, 기대고 싶은 짐승남, 집안 배경에 학벌까지 좋은 엄친아까지, 일일히 열거하기 힘들 정도로 그 매력도 각양각색이다. 한 가지 스타일이 시대를 지배하진 않아도, 압도적 지지를 받는 타입은 있다. 과연 어떤 이들인가 잘 살펴보면, 그 시대상을 반영하여 대중의 욕망을 충족시켜줬다는 공통점이 발견된다.

베이비붐 세대(1955~1963년 생)의 은퇴가 본격화되면서 한국 경제 시장에 일대 지각변동이 일어나고 있다. 젊은 시절을 오롯이 쏟아 부어 부모님 봉양하고, 자식 대학공부 시키고, 결혼까지 시키고 나니 정작 자신의 노후는 막막할 따름이다. 이는 비단 베이비붐 세대에만 국한된 상황이 아니라 그 이후 세대에도 유사할, 혹은 더 가혹해질 전망이다.

인생 100세 시대의 본격 개막, 은퇴후 제2의 삶 시작! 이라지만 은퇴 후 30~40년, 어디에서 무엇을 하며 살아갈 것인가? 이에 대한 해법이 준비되지 않은 장수는, 축복이라기 보다는 고난에 가까울 것이기에 우리의 두려움이 더 커지는 것 아닐까.

굳어있는 자산 = 노후의 불안한 곳간?

경기침체로 아파트 거래가 실종됐다는 기사를 본지는 오래지만, 그 상황이 타개됐다는 희소식은 좀처럼 들리질 않는다. 든

10가구 중 3가구, '보유주택 상속 안해'

[2013.7.15. CBS노컷뉴스 구병수 기자]

노년층 10가구 가운데 3가구는 자녀에게 보유주택을 물려주기를 원치 않는 것으로 조사됐다.

주택금융공사는 지난 4월 23일부터 5월 29일까지 주택을 보유한 일반노년층 2000가구를 대상으로 '2013년도 주택연금 수요실태 조사'를 실시한 결과 보유 주택을 자녀에게 상속하지 않겠다는 응답이 25.7%를 나타냈다고 15일 밝혔다.

이는 ▲2008년 12.7% ▲2010년 20.9% ▲2012년 21.3% 에 이어 상속을 원치 않는 노년층이 지속적으로 증가하고 있음을 보여줬다. 특히, 만 64세 미만의 33.5%가 '주택을 물려주지 않겠다'라고 대답해 나이가 적을수록 상속에 대한 인식이 낮아지는 것으로 나타났다.

또 노년층이 보유하고 있는 자산 중 주택이 차지하는 비중은 일반노년층이 81.6%로 조사돼 노후에 대비한 실질적인 자산으로 주택의 비중이 다른 자산과 비교해 매우 큰 것으로 집계됐다. 주택 외 부동산 및 금융자산은 9%에 불과했다.

주택금융공사 관계자는 "보유주택을 자녀에게 상속하겠다는 생각을 가진 어르신들이 점차 줄고 있다"면서 "앞으로 노후를 안정적으로, 좀더 여유롭게 살기를 원하시는 어르신들께서 주택연금에 많은 관심을 보일 것"이라고 전망했다.

leesak@cbs.co.kr

든한 노후를 보장해줄줄 알았던 아파트 값은 떨어지고, 살만한 동네 전세는 점점 귀해지고, 월세로 전환까지 되어 가니 하우스 푸어에 이어 렌트 푸어까지 양산되는 판국이다.

은행 저축 금리는 또 어떠한가? 치솟는 물가상승률을 고려하면, 저축예금은 본전을 지키기도 힘든 상황이다. 진퇴양난이라 하겠다.[4]

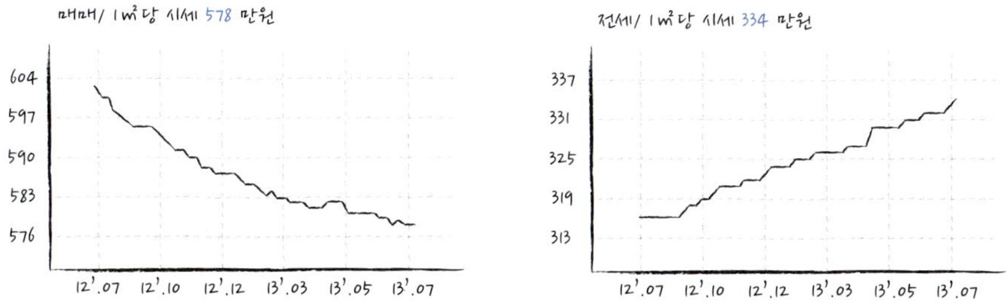

4-1 서울시 아파트 시세 (한국 감정원)

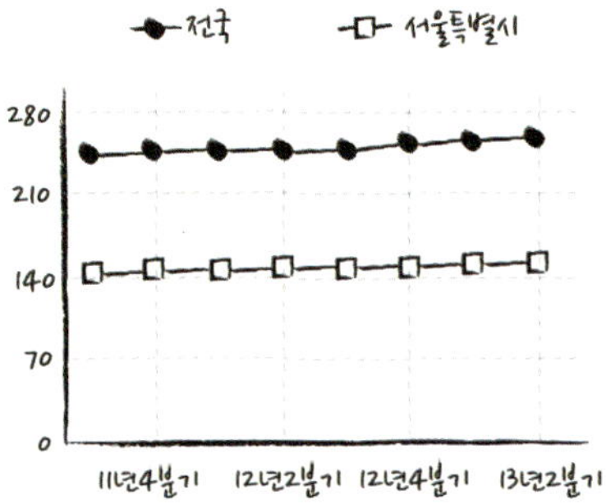

4-2 서울시 전세시세 (2013년 8월 기준, 출처 :KB부동산 알리지))

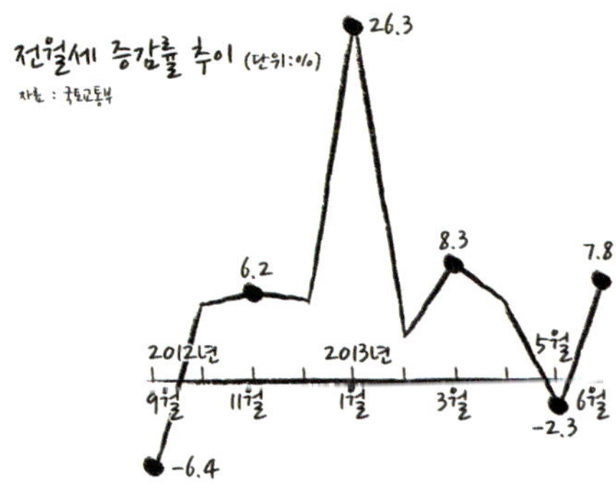

4-3 전월세 전환비율 증가추세 (서울신문, 2013.7.23)

5 시중은행 저축예금금리 (2013년 0월 기준, 출처)

	W은행	S은행	H은행	물가상승률
보통예금 예금금리	50만 원 이상 0.1%	50만 원 이상 0.1%	50만 원 이상 0.1~0.2%	2013년 6월 소비자물가는 전년 동월대비 1.0% (전월비 △0.1% 상승)

은퇴 후 30년 뒤를 생각해 볼 때, 이제 우리의 자산은 더이상 굳어있는 형태의 아파트나 은행 예금이 되어서는 곤란하다. 물가상승에도 탄력적으로 반응할 수 있는 생명력을 가진 그 무엇, 인생의 동반자가 되어 생활에 윤기를 더해줄 수 있는 그 무언가가 되어야만 한다.[5]

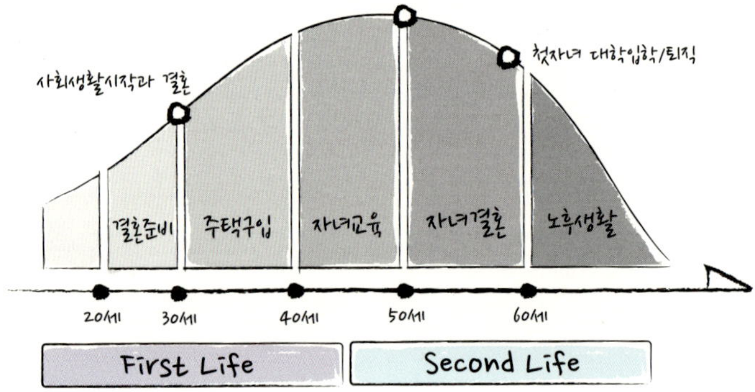

6 자산포트폴리오

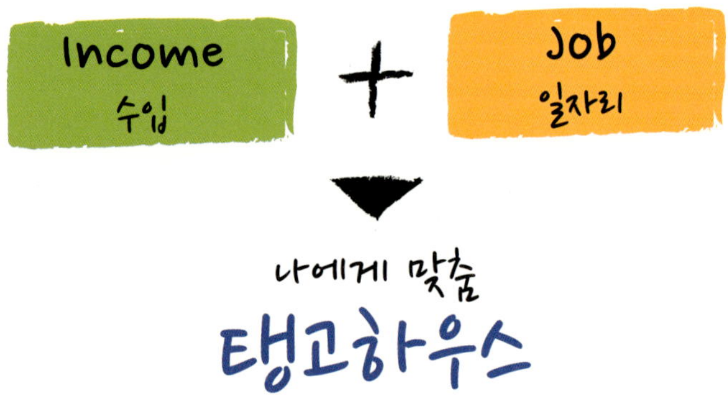

7 두마리 토끼를 한번에 - 베이비붐 세대의 가장 큰 고민거리인 자산과 일거리, 두마리 토끼를 한번에 잡을 최적의 솔루션은 무엇일까?

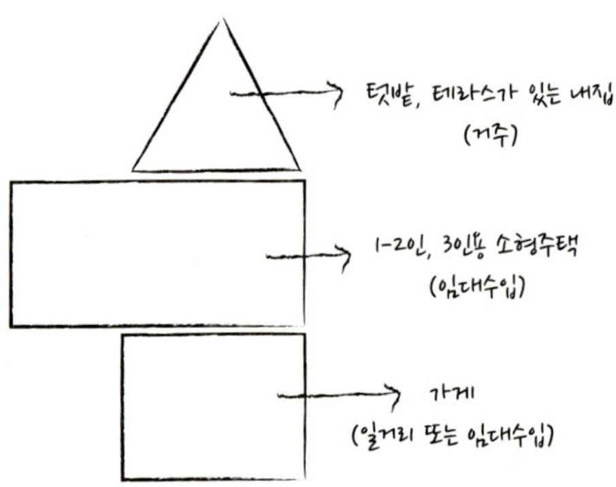

8 탱고하우스의 기본 구상도

자산 포트폴리오의 재구성

보통 사람들의 라이프 사이클LIFE CYCLE을 살펴보자.[6]

경제활동에서 한발짝 물러나는 시기에 자녀들은 결혼을 한다. 지갑도 가벼워지고 가족도 단출해지는 시기이다. 변화하는 수입에 맞춰 앞으로의 지출도 짜임새 있게 가다듬어야 한다. 가족수에 비해 커진 집을 줄이면서(관리비도 줄어들것이다) 거주와 수익을 한꺼번에 충족시킬 수 있는 방법을 찾아보자.

외딴 시골이 아니라 내 삶의 터전인 도시에서, 홀로 늙어가는 것이 아니라 사람들과 어울려 나이들 수 있게끔, 에너지를 쏟을 소일거리가 있고, 달마다 수익이 생기는 생활. 단순한 여생이 아니라 여전히 인생의 주인공이 될 수 있는 그런 행복한 집에서 말이다. 인생 100세시대 저 멀리 외딴 곳, 공기만 좋은 전원주택 아니라 수익도 창출해내는 차별화된 주거 상품이 절실하다.[7]

여기서 우리가 제안하는 탱고하우스의 기본 구상도는 왼쪽과 같다. 탱고하우스는 컨설팅단계부터 상품의 수익률, 예산, 디자인성향을 건축주에게 맞춤서비스는 물론 임대관리, 브랜드마케팅, 나아가 노후화에 따른 리모델링까지. 건물뿐 아니라 건축주의 전 생애 라이프사이클을 디자인하는 혁신적인 주거상품이다.[8]

서울시의 미래지향적 공동주택 정책

주거패러다임이 빠르게 변하고 있다. 소유에서 거주로, 거주에서 문화로, 아파트 중심에서 맞춤형 주택으로, 대형에서 소형

서울 도시형주택 임대수익률 연 4.3% … 노원·송파 5% 넘어

[2013.7.8. 중앙일보 최현주 기자]

에프알인베스트먼트 조사
작년 12만가구 인·허가 … 공급 급증
관악·동대문·영등포는 3%대 그쳐
지역?공급량 따라 수익률 차이 커

요즘 부동산 시장에서 투자자들의 관심을 끄는 대표적인 임대수익형 상품이 도시형생활주택이다. 1~2인 가구가 크게 늘면서 오피스텔과 함께 대체 주거시설로 인기를 끌고 있어서다.

도시형생활주택은 정부가 늘어나는 1~2인 가구의 주거안정을 위해 각종 건축규제를 완화한 전용 85㎡ 이하의 소형주택이다. 업무시설인 오피스텔과 비슷하지만 주택처럼 발코니 등 서비스 면적을 갖춰 전용면적이 같은 오피스텔보다 실제 면적이 넓다.

임대 수익 투자자들의 관심을 끌면서 2009년 1600여 가구에 불과하던 도시형생활주택 건설 인허가 물량은 지난해 12만4000가구 정도로 크게 늘어났다. 하지만 임대투자 수익률은 지역에 따라 크게 차이가 나는 것으로 나타났다.

에프알인베스트먼트가 지난달 말 기준으로 서울지역 도시형생활주택 6만8407가구의 연간 임대수익률을 따져본 결과 수익률이 가장 높은 노원구(5.11%)와 가장 낮은 관악구(3.46%)의 수익률 차이가 1.7%포인트에 달했다. 서울 평균 수익률은 4.34%다.

수익률이 높은 곳엔 노원구를 비롯해 송파(5.03%)·서초(4.97%)·중랑(4.89%)·강남구(4.81%)가 포함됐다. 노원구 상계동 전용면적 16㎡형을 1억2000만원에 구입해 세를 놓으면 보증금 1000만원에 월 45만~50만원의 임대료를 받을 수 있다. 이들 지역은 대개 도시형생활주택 공급이 적었거나 공급보다 수요가 많은 지역이다.

서울시에 따르면 2009년 4월 이후 노원구엔 2492가구, 서초구 2166가구가 공급된 데 그쳤다. 송파구(3946가구)와 강남구(4216가구)는 공급이 많았지만 임대수요가 더 늘어 수익률이 좋은 편이다. 에프알인베스트

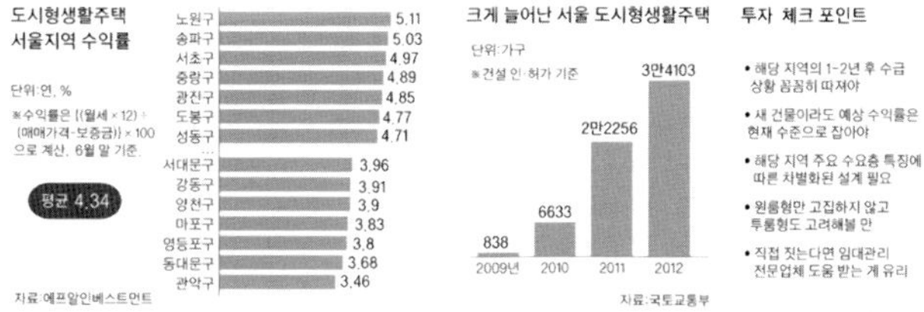

먼트 안민석 연구원은 "강남권은 고가의 임대료를 감당할 만한 직장인 수요가 넉넉하다"고 말했다.

반면 관악(3.46%)·동대문(3.68%)·영등포(3.8%)·마포구(3.83%)의 평균 수익률은 3%선에 머물렀다. 이들 지역은 최근 2~3년간 3500가구 이상 들어섰다. 관악(3560가구)·동대문(3550가구)·영등포구(4873가구) 등에서 공급이 많았고 마포구는 9079가구나 들어섰다. 코쿤하우스 고종옥 대표는 "수요보다 공급 증가 속도가 빠르면 공실이나 임대료 하락을 피할 수 없다"고 말했다. 공급과 수요가 수익률 희비를 가른 것이다.

하지만 같은 지역에서도 수익률을 끌어올리는 방법이 있다고 전문가들은 말한다. 차별화 전략이다. 공급 과잉 우려가 높은 원룸형 대신 방 2개를 갖춘 투룸형을 선택하는 게 한 예다.

수목건축 서용식 대표는 "현재까지 공급된 도시형생활주택이 대부분 1인 가구를 노린 원룸형인 만큼 2~3인 가구를 위한 투룸형을 임대하면 수요층을 차별화할 수 있다"고 말했다.

도시형생활주택을 직접 짓는다면 해당 지역 주요 수요층의 특징에 맞춘 설계를 도입하는 것이 도움이 된다. 예컨대 대학생 수요가 많은 지역은 외관이나 내부 인테리어를 화려한 색상으로 꾸미면 젊은 층의 눈길을 끌 수 있다. 음악인이 많은 지역에선 방음시설을 갖춘 공용 연습실을 만드는 것도 방법이다.

원문출처
http://article.joins.com/news/article/article.asp?total_id=12005206&cloc=olink%7Carticle%7Cdefault

으로, 나만의 공간에서 우리의 공간으로.

이러한 시대 요구에 부응하기 위해 공공차원에서도 다양한 대책을 내놓고 있는데, 그 중 주목할 만한 것이 서울시의 맞춤형 공동주택 정책이다.

서울시는 동네풍경에 어울리는 공동주택을 조성하기 위해 몇 가지의 원칙을 세우고 주민이 구상하는 공간 만들기에 힘을 쏟고 있다. 획일적인 박스를 벗어나 도시의 풍부한 표정을 담을 수 있도록 다수의 건축가에게 각양각색의 공동 주택을 주문하고 있다. 특히 지역주민간의 커뮤니티시설은 '천개의 마당'이라는 이름으로 '천개의 풍경'이 연출될 것이다. 연도형 상가로 지역 수익성을 보장하고, 다양한 계층을 흡수할 현실성 있는 커뮤니티 시설은 '우리동네, 더 나은 주거문화 만들기'의 첫걸음이다. 주민이 직접 참여 구상하는, 꼭 필요한 시설을 포함한다는 데에서 맞춤형 공간, 맞춤형 주택의 실현을 목전에 두고 있다. 건축가의 역할도 커미셔너[9]로 확장되어 공공임대주택의 품질 역시 그 어느 때보다 기대되는 바이다.

9 프로 스포츠에서 품위와 질서유지를 위해 모든 권한을 위임받은 최고 관리자. 원래는 정부로부터 임명받은 위원·장관·판무관(辦務官)을 뜻하는 말이다. 1919년 미국 월드시리즈 결승전에 대한 매수설을 규명하기 위하여 메이저·내셔널리그의 수뇌들이 연방법원 판사를 취임하도록 한 데에서 유래된 말이다. (두산백과 발췌) 건축계에도 커미셔너 역할이 강화되어 시공 단계 전반에 거쳐 계획의 부합성을 검토, 자문 하는 등의 최고 관리자로 활동하고 있다.

도심형 소형주택의 가치

동네의 소형주택에는 공공임대 대규모 단지와는 차별화되는 그만의 매력이 있다. 개인이 부담가능한 규모의 예산으로 건설이 가능하므로 수익형 자산포트폴리오로 활용할 수 있다는 점이 첫번째이고, 거주자들간 긴밀한 유대감이 형성될 수 있어 커뮤니티의 활용도가 더 커지는 것이 두번째 이유이다. 미리 입주자를 확보해 그들에게 정밀 타케팅한 공간을 맞춤 디자인 할 경우 건물 가치가 상승되며 공실률도 줄어든다.

일선에서는 수익형 주택이 공급 과다라는 주장이 있지

만, 이는 수익성만을 따진 흔한 원룸에나 해당하는 말이다. 거주성이 떨어지는 집들은 재계약률이 현격히 떨어지고, 운영관리상 어려움을 겪을 수 밖에 없다. 통계상 1,2인 가구는 지속성을 가지고 가파르게 상승하고 있으며 이러한 수요를 만족시켜 줄 만한 현실적이면서도 창조적인 주거상품이 절실하다. 부동산 거품 이후, 일본의 주거상품 성공사례를 참고로 살펴보자.

도쿄에 위치한 'MM아파트'는 유명 사립 대학 캠퍼스 거리에 지어진 독신자 전용 8세대 집합주택이다.[10]

부지의 서쪽은 차량 통행이 꽤 많은 도로이고, 남쪽은 거의 보행자만 오가는 도로, 동쪽은 이웃집에 면한 각각 다른 환경에 접해 있다. 건널목의 전차, 자동차 소음과 사람들의 왕래가 빈번하여 대체로 개방적인 공간을 만들기는 어려웠을 것이다. 하지만 소음이라는 악조건을 역으로 이용해 뮤지션들이 마음 편하게 연주할 수 있는 뮤지션 맨션으로 기획한 것이 이 집의 특징이다. 이 집합 주택은 크기는 작지만 일반적인 넓이의 개념과는 전혀 다른 생활 체험을 가능하게 하는 새로운 공간을 목표로 한 것이다. (출처: nakae archi- tects [www.nakae-a.jp])

오토바이를 좋아하는 사람들을 대상으로 지어진 집도 있다. 바이커 애호가를 입주자로 겨냥, 총 8세대가 입주한 '바이커즈 맨션'[11]이 바로 그것이다.

각 세대에는 전용 오토바이 내장 차고가 맞춤 설계되어 있다. 외부로부터 오토바이가 진입할 수 있는 반경이 고려된 곡선 통로가 안마당까지 말아 들어오고, 이 마당을 통해 각 세

10 뮤지션 맨션

소재지: 동경도 세타가야구
주요용도: 집합주택 8호수
구조규모: 철근콘크리트 3층구조
부지면적: 98.30㎡
건축면적: 65.53㎡
연상면적: 196.59㎡
준공: 2009년 9월
위치: 도쿄
디자이너: Yuji Nakae, Hirofumi Ohno & Yamada Hiroyuki

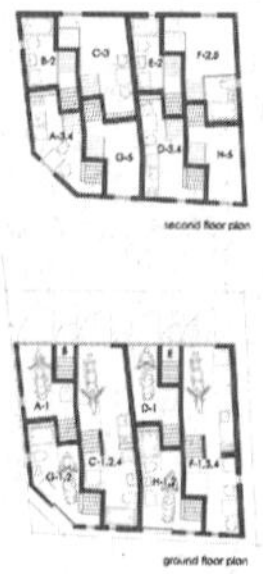

11 바이커즈 맨션

위치: 스기나미구 니시 에이후쿠
건축가: 나카에 유지
(中永勇司, Nakae Yuji)
설계기간: dec.2006-may.2007
공사기간: jun.2007-dec.2007
부지면적: 201.89㎡
건축면적: 96.34.㎡
연면적: 289.02㎡

12 FIKA

위치: 도시마구 히가시나가사키
건축가: 오사무 니시다+
히로타카 이시키+리에 야나이
대지면적: 35.66㎡
건축면적: 22.04㎡
연면적: 58.58㎡
준공: 2012년 8월

대에 진입하는 'ㄷ'자형 주택은 합리적이면서도 개성적이다. 이곳에서는 오토바이라는 공통의 취미를 가진 입주자들이 함께 산다. 서로 무심하게 되기 쉬운 임대 집합 주택에서 공통의 취미와 관심사로 보다 친밀한 의사소통이 발생하지 않을까 하는 기대를 갖게 한다. (출처: nakae archi- tects [www.nakae-a.jp])

FIKA는 10평의 부지에 지어진 협소주택으로 스칸디나비아 소품을 파는 가게와 그 주인세대를 위한 주거시설이 함께 있는 건물이다.[12]

군더더기 없는 아담한 건물에 세로로 길게 뻗은 창을 통해 내부의 분위기가 거리로 전해진다. 막힌 벽이 아닌 투시형 선반장을 공간 파티션으로 하여 한쪽은 가게로, 반대편 뒷공간은 사적인 장소로 활용하는 방법이 일품이다. 지붕 천창을 통해 햇볕이 들어오게 만든 나락방. 한뼘 공간조차도 적극적으로 살려내는 이 작은 집의 실용성에 주목해보자.(출처: ONdesign [ondesign.co.jp])

STYIM은 복층, 중층에 대한 반짝이는 아이디어로 2007년 굿디자인 상을 수상한 일본의 컴팩 맨션이다.[13]

이미 임대아파트가 포화상태인 니혼바시 지역에서 STYIM은 독특한 외관 디자인으로 싱글 및 딩크족들의 지지를 받고 있다. 재택근무가 가능한 소호SOHO 컨셉의 "다양한 공간 디자인"이라는 힘으로 새로운 마켓수요를 창출했다는 평가를 받는다. 일부 바닥층을 반층 올리거나 내려서 인체 스케일과 그에 맞는 합당한 기능을 새롭게 해석한 스킵플로어 형식이 매우 흥미롭다. (출처: ASCOT CORP [www.ascotcorp.co.jp])

13 STYIM

위치: 도시마구 히가시나가사키
건축가: 주식회사 아스콧+
마코토 요코미조+기요시 하세

14 The Share

위치 : 하라주쿠
준공 : 1963년 11월
리노베이션 준공: 2011년 11월

12 VM Housing

위치: 덴마크 코펜하겐
건축가: BIG+JDS=PLOT
연면적: 25,000㎡
준공: 2005년

'더 쉐어'는 하라주쿠에 자리잡은 쉐어하우스이다.[14]

방문객, 입주자들은 건물에 들어서면 일단 엘리베이터를 통해 최상층의 커뮤니티 시설로 이동하게 된다. 모두가 커뮤니티 층을 통과하게 됨으로써 식사를 하거나 취미활동을 함에 있어 거주자들이 서로 함께할 수 있는 기회가 빈번해지도록 의도한 일종의 섬세한 장치인 셈이다. 여러 컨텐츠나 물건, 일을 서로 공유하며 즐겁고 매력적인 인생을 즐기는 것, 진정한 쉐어하우스의 가치를 구현해내는 건물이다. (출처: www.the-share.jp)

VM 하우스[15]는 'V'자와 'M'자 형태를 가진 2개의 동으로 이루어진 아파트로 V자 아파트와 M자 아파트가 서로 맞물려있는 형태이다. 과감한 뾰족 삼각형 모양의 발코니들이 아파트 전면에 돌출되어 있어 강한 인상을 주며 이렇게 돌출된 발코니는 각 세대에 채광을 제공하고 이웃과 소통할 수 있는 공간을 주기 위해 디자인된 것이다. 즉 이 발코니가 커뮤니티 공간이 되는 것이다.(출처: jdsa.eu/vm/)

차세대 수익형 주택은 도심+소형+임대에 테마를 더한 커뮤니티 시설에서 그 해법을 찾을 수 있다.

먼저 디자인과 수익이라는 두 마리 토끼를 모두 잡은 마이바움 제기[16]와 방배[17]의 사례를 살펴보고, 다음 장에서는 '어떻게 만들것인가'의 프로세스에 대해 알아보도록 하자.

16 마이바움 제기

위치: 서울시 동대문구 제기동
지역지구: 제2종 일반주거지역
대지면적 : 304㎡
연면적 : 546.16㎡
건폐율 : 56.90%
용적률: 179.66%
층수: 지상4층
세대수: 22세대(원룸형)
근린생활시설 1실(1층)
주차대수: 6대

수익률(단위: 만원)

<table>
<tr><td rowspan="4">지출</td><td colspan="3">구 분</td><td colspan="2">금액</td></tr>
<tr><td colspan="3">토지비</td><td colspan="2">기존보유</td></tr>
<tr><td colspan="3">공사비</td><td colspan="2">6억 8천</td></tr>
<tr><td colspan="3">간접비</td><td colspan="2">8천</td></tr>
<tr><td colspan="4">지출합계</td><td colspan="2">7억 6천</td></tr>
<tr><td rowspan="3">수입</td><td>구분</td><td>세대수</td><td>세대당 임대료
(보증금/ 월세)</td><td>보증금</td><td>월세
합계</td></tr>
<tr><td>도시형 생활주택
(원룸형)</td><td>22</td><td>보증금 1천, 월 50</td><td>2억 2천</td><td>1천 100</td></tr>
<tr><td>1종
근린생활시설</td><td>1</td><td>보증금 4천, 월 200</td><td>4천</td><td>200</td></tr>
<tr><td colspan="4">수입합계</td><td>2억 6천</td><td>1천 300</td></tr>
<tr><td colspan="2">연간수익</td><td colspan="2">월 수익 × 12개월</td><td colspan="2">1억 5천 600</td></tr>
<tr><td colspan="2">실 투자비</td><td colspan="2">지출합계 - 보증금 합계</td><td colspan="2">5억</td></tr>
<tr><td colspan="2">연 수익률</td><td colspan="2">연간수익 / 실 투자비</td><td colspan="2">32%</td></tr>
</table>

17 마이바움 방배

위치: 서울시 서초구 방배동
지역지구: 제2종 일반주거지역
대지면적: 132㎡
연면적: 219.29㎡
건폐율: 52.36%
용적률: 166.13%
층수: 지상4층
세대수: 7세대(원룸형)
근린생활시설 1실(1층)
주차대수 : 6대

수익률(단위: 만원)

<table>
<tr><td rowspan="4">지출</td><td colspan="3">구 분</td><td colspan="2">금액</td></tr>
<tr><td colspan="3">토지비</td><td colspan="2">기존보유</td></tr>
<tr><td colspan="3">공사비</td><td colspan="2">3억 9천</td></tr>
<tr><td colspan="3"></td><td colspan="2"></td></tr>
<tr><td colspan="4">지출합계</td><td colspan="2">3억 9천</td></tr>
<tr><td rowspan="3">수입</td><td>구분</td><td>세대수</td><td>세대당 임대료
(보증금/ 월세)</td><td>보증금</td><td>월세
합계</td></tr>
<tr><td>도시형 생활주택
(원룸형)</td><td>6</td><td>보증금 1천, 월 70</td><td>6천</td><td>420</td></tr>
<tr><td>1종
근린생활시설</td><td>1</td><td>보증금 2천, 월 100</td><td>2천</td><td>100</td></tr>
<tr><td colspan="4">수입합계</td><td>8천</td><td>520</td></tr>
<tr><td colspan="2">연간수익</td><td colspan="2">월 수익 × 12개월</td><td colspan="2">6천 240</td></tr>
<tr><td colspan="2">실 투자비</td><td colspan="2">지출합계 - 보증금 합계</td><td colspan="2">3억 1천</td></tr>
<tr><td colspan="2">연 수익률</td><td colspan="2">연간수익 / 실 투자비</td><td colspan="2">21%</td></tr>
</table>

고독한 서울… 전체 가구 중 절반이 1-2인 가구

[2013.6.18. 동아일보 손효주 기자]

서울시내에 혼자 살거나 둘만 사는 가구가 늘어나고 3인 이상 가구는 줄어들고 있다. 2005년 서울시내 1·2인 가구는 전체 가구 중 42.4%였지만 7년이 지난 지난해에는 46.8%로 4.4%포인트 늘었다. 같은 기간 3인 이상 가구는 57.6%에서 53.2%로 줄었다.

가구주 연령별로 보면 30대 1인 가구가 29.9%로 전 연령을 통틀어 가장 많았다. 집값 상승, 고용 불안 등으로 결혼 연령이 늦어지고 있는 것이 가장 큰 원인으로 꼽힌다. 2인 가구 중에선 60대 이상의 비중(44.7%)이 가장 높아 노부모가 자녀와 함께 살지 않는다는 것을 보여줬다.

서울시는 서울시민의 삶을 담은 통계집 '2012 서울서베이 도시정책지표 조사'를 17일 발표했다.

원문출처
http://economy.donga.com/3/all/20130618/55931411/4

14 2012년 서울시 1,2인 가구 비율 통계자료 (출처: 동아일보)

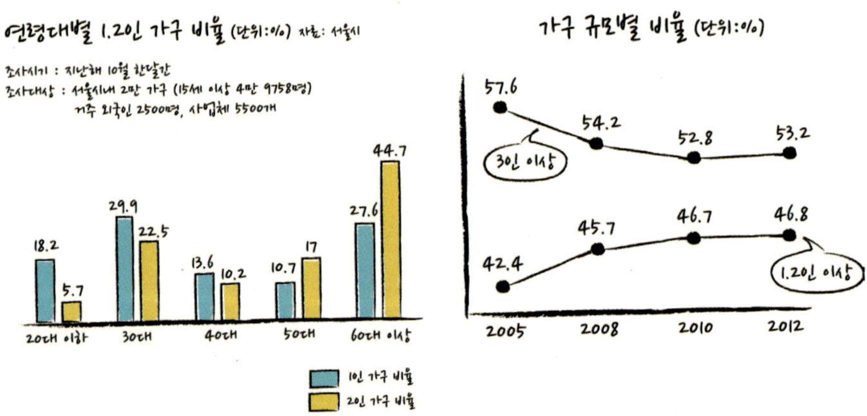

WITH PEOPLE

뉴욕대 사회학과 교수 에릭 클라이넨버그의 [고잉솔로]를 인용하자면, 우리는 이미 고잉 솔로의 시대, 싱글턴으로 접어들었다. 혼자 산다는 것은 더 이상 외국의 생경한 모습이 아니라 우리시대 새로운 삶의 표준이 되어 가고 있는 것이다.

2012년 조사된 서울시의 1,2인 가구 비율 통계를 살펴보면 다음과 같다.[14]

2012년 현재 1,2인 가구비중 48.1%

2035년 예상 1,2인가구 - 68.3%

그중 60대 이상 가구주 - 50%에 육박

주거시설로 잡히지 않는 오피스텔(업무시설)이나 고시원(근린생활시설) 거주자를 감안한다면 실제 수치는 이보다 훨씬 상승할 것이다.

사회적 시스템으로 다양한 개인들로 하여금 혼자서도 '잘' 살 수 있는 방법, 동시에 도시 속 모듬살이가 한층 더 '건강'해질 수 있는 장치를 마련해야 할 때이다. 건축 공간 또한 낯선 타인들이 소통하며 마음을 나누고 삶을 치유하는 커뮤니티 기능이 중요해지고 있다.

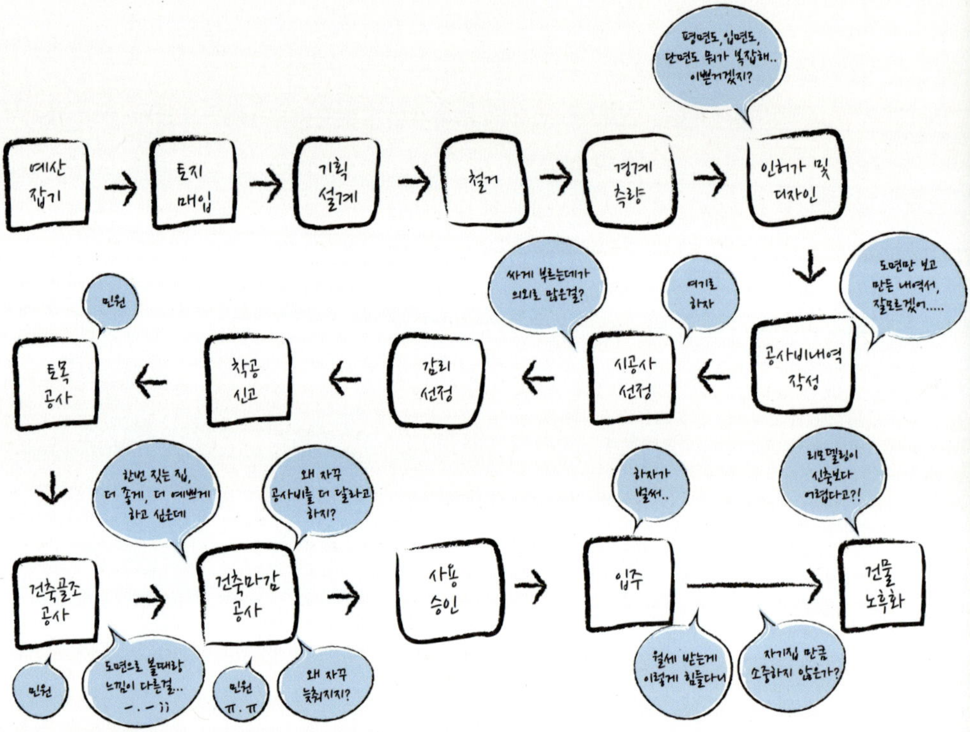

15 건축 과정에서 건축주가 겪게 되는 어려움들을 흐름으로 정리한 지도

집짓기 고충지도에 대하여

건축과정에서 건축주가 겪게 되는 어려움들을 모아 일명 '고충지도difficulty map'를 만들었다.[15]

왼쪽의 지도에 따르면 초기 과정에서는 그다지 큰 고민이나 어려움은 없어 보인다. 도면을 놓고 건축사와 협의하고 면적을 따져보는 설계단계에서도 큰 마찰은 없을 것이다. 본격적으로 문제가 노출되는 단계는 시공에서부터이다. 시공사와의 의견충돌, 이웃이라 믿었던 주변 민원과의 싸움, 늘어나는 공사비, 길어지는 공기, 심지어 건물이 완성되어 갈수록 디자인 변경 욕구까지 밀려올 것이다.

어려운 과정을 거쳐 사용검사가 완료되고 나면 고생은 끝인걸까? 건물 하지보수와 함께 임대세대 관리 부분도 개인이 혼자 감당하기에는 상당한 골칫거리이다. 세월이 흘러 노후화된 건물의 보수가 필요할 때에 기 건축사와 시공사가 없어진 후라면 이 역시 쉽지 않은 작업이 될 것이다.

그렇다면 집짓기의 과정은 이러한 고충의 연속이고, 결과는 후회스러운 일들 뿐일까?

그렇지 않다. 다만 방법의 차이, 다시 말해 프로세스의 부재 때문이다. 사실은 큰 문제가 없어 보이는 초기 단계부터 문제의 씨앗을 품고 있는 격이다. 다음의 질문을 따라가 보자.

첫째, 토지를 매입하기 전, 전문가의 충분한 컨설팅을 받았는가? 수목건축이 진행하는 컨설팅은 단순한 건축, 건설 관련이

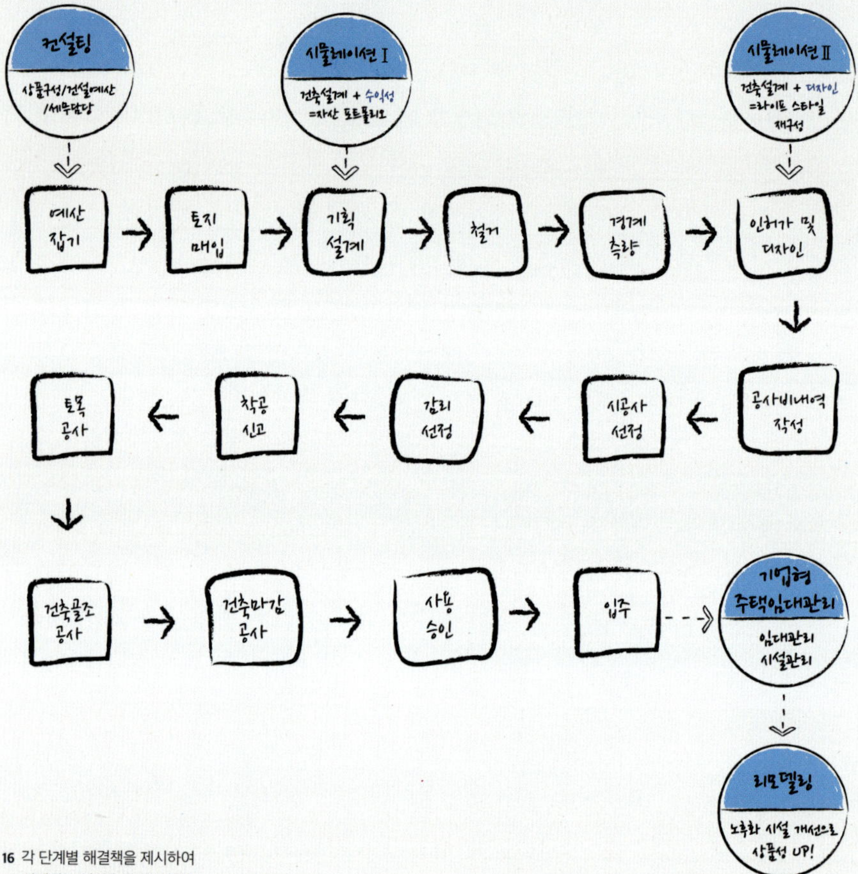

16 각 단계별 해결책을 제시하여 겪게되는 어려움을 최소화한 건축 프로세스 지도

아니다. 부동산팀과 건축팀의 협업으로 진행되는 상품기획 단계로 사업의 예상 수익성을 수치로서 제공한다. 뿐만 아니라 부동산에 관련된 복잡한 세무절차와 건축주의 자금 플로우까지 건축주의 자산 포트폴리오를 입체적으로 설계한다.

둘째, 설계 진행 단계에서 원하는 디자인과 투명한 예산 변동에 대한 이해가 되었는가?

큰 볼륨을 정한 뒤 보다 구체적인 디자인 작업이 진행되면서는 디자인과 예산이 실시간으로 연동되는 시뮬레이션을 가동한다. 일반인들은 평면도와 입면도, 단면도를 보며 공간을 입체적으로 이해하기가 힘들다. 도면에서 몇가지의 수정사항이 생겼다 치자. 바뀐 부분이 전체에는 어떤 영향을 미치는지 확인하고 싶지만 건축사는 쉽지 않다고 한다. 이 부분을 바꿨을 때 공사비에는 어떤 변화가 생기는지 궁금하지만 과정이 투명하지 못하다. 이는 업체와 건축주 사이에서만 일어나는 문제가 아니다. 설계사무소와 시공사 간에도 이런 불신과 오해는 빈번히 일어나며 최악의 경우 건물에 아무도 책임지지 않는 부분이 생기기도 하는 것이다.

최근에는 BIM을 이용해 건물의 디자인을 바로 시각화할 뿐 아니라 마감과 가격, 면적 등 건축의 여러 정보를 건축주가 이해하기 쉽게 보여주며 만들어가는 과정을 함께 공유하는 추세이다. 바로 탱고하우스의 프로세스이기도 하다.

셋째, 소규모 영세 시공사보다는 기반과 실적이 있는 전문시공사를 선정했는가?

그래야만 시공과정에서의 불협화음을 최소로 하여 건

축주의 피로를 덜 할 수 있다. 시공 자체도 매우 중요하지만 그에 못지않게 민원처리도 하나의 능력인 셈이다. 또한 오랜 시간 뒤 리모델링이 필요해졌을 때, 당시의 자료가 남아있지 않다면 이는 신축보다도 까다로운 건축과정이 될 것이기 때문이다.

넷째, 입주 후 임대관리, 시설관리가 전문적인가?

공실률을 최소로 하는 전문적 노하우와 체계적인 임대관리가 필요하다. 철저한 관리는 바로 건물의 상품성과도 직결되기 때문이다. 디자인 단계에서부터 프로젝트를 함께한 곳이 입주 후 시설 보수 역량까지 갖춘 업체라면 개인 건물주에게는 든든한 멘토가 될 것이다.

위 네 가지 질문을 바탕으로 개선된 건축 프로세스 지도를 다시 살펴보자.[16]

정말로 좋은 디자인이 나오려면 단순히 외관이 보기에 좋은 것만이 아닌 만드는 사람이나 사용하는 사람 양측이 제품의 본질을 완벽하게 이해할수 있어야 한다. 그러기 위해서는 그 과정이 보다 구체적이고, 실제적이면서도 핵심만을 압축한 쉽고 단순한 것이어야 한다.

모든 사람이 컴퓨터를 사용할 수 있게

애플은 항상 혁신적이고 창의적인 제품을 선보였다. 잡스가 보여준 창의성은, 여러가지 아이디어들이 설명서가 필요없을 만치 쉬운 형태로 다가왔기에 혁신이라 불렸던 것이다.

누구나 컴퓨터를 쉽게 사용할 수 있도록. 그 혁신에 다가가기 위한 애플의 노력은 단계단계가 놀랄만큼 구체적이다. 혁신이라는 것은 천개의 가닥으로 연결되어 있다는 론 애드너Ron Adner의 말처럼.

애플은 업계에서 유일하게 제품의 모든 부분- 하드웨어와 소프트웨어, 마케팅, 개발자 교류-을 직접 디자인하는 회사로서, 이것이 바로 전략적 강점이 되겠다.

수목건축에서도 각 단계별 철저한 통제를 통해 탱고하우스가 건축의 혁신적 상품이 되도록 끊임없이 치열하게, 치밀하게 기획하고 있다.

마지막으로 디자인에 대한 잡스의 생각을 덧붙이겠다. 특히나 건축 디자인과 프로세스에 적용해도 크게 공감가는 내용이다.

> 디자인은 어떻게 보이느냐
> 혹은 어떻게 느끼느냐 차원의 문제가 아니다.
> 디자인은 어떻게 작동하느냐에 관한 문제이다.

스티브잡스의 "경영 10계명"

01 완벽하게 업무를 챙겨라 Go for perfect

한번은 애플이 아이팟을 출시하기 하루 전 모든 애플 직원이 밤을 새워야 했다. 그 이유는 조그마한 부품 결함 때문이었다. 잡스가 "아이팟 연결 부분 느낌이 완벽하지 못한데…"라고 말했다. 결국 직원들은 이어폰 잭 부분을 전부 교체해야 했다.

02 전문가를 최대한 활용하라 Tap the experts

잡스는 컴퓨터 시스템 '넥스트 Next' 로고 디자인을 위해 중국계 미국인 건축가 I.M.페이를 고용했다. 애플스토어를 출범하기 전에는 의류소매 체인 갭Gap의 미키 드렉슬러 CEO를 영입하기도 했다.

03 냉혹하게 판단하라 Be ruthless

포켓용 컴퓨터 '팜 파일럿' 개발이 한창 진행될 때 잡스는 휴대폰이 PDA를 대체할 것이라는 판단을 내렸다. 이에 애플 엔지니어들은 팜 파일럿을 과감하게 포기하고 아이팟 개발에만 몰두할 수 있었다.

04 외부 소리만을 믿지마라 Shun focus group

잡스는 "우리가 보여주기 전까지 사람들은 자신이 원하는 것을 알지 못한다"고 말했다. 그는 외부 전문가에게만 제품 성공 가능성을 의존하지 않았다. 스스로 견본품을 설계하고 몇 개월간 시제품에 몰두했다.

05 끊임없이 연구하라 Never stop studying

브로슈어를 제작할 때 그는 소니가 사용했던 브로슈어를 참고했다. 소니 브로슈어에 사용한 폰트, 배치, 심지어 종이 무게까지 연구했다.

06 결론은 간결하게 정리하라 Simplify

잡스의 디자인 철학은 간결함이다. 그는 초기 아이팟 시제품에서 전원 버튼을 포함한 모든 버튼을 없애라고 지시했다. 이에 대해 디자인팀은 항의했다. 그러나 이를 계기로 대표적인 아이팟 상징인 원형 스크롤이 개발됐다.

07 비밀을 지켜라 Keep your secrets

애플 직원들은 회사의 비밀을 말하고 다니지 않는다. 철저한 비밀 유지가 애플 성공 신화의 밑거름이 되었다.

08 작은팀 위주로 운영하라 Keep teams small

초기 매킨토시 개발팀은 고작 100명이었다. 101번째로 고용이 됐다면 누군가는 나가야 했다. 잡스는 이들 100명의 이름을 외우고 있었다..

09 '채찍'보다는 '당근'을 보다 많이 줘라 Use more carrot than stick

잡스는 매몰차기로 유명하다. 그러나 그의 이러한 카리스마는 조직원들에게 좋은 동기 부여로 작용했다. 매킨토시 개발팀은 3년간 일주일에 90시간의 노력을 수행했다. 이런 열정은 당시 최고 찬사를 받았다.

10 견본품도 최고로 만들어라 Prototype to the extreme

잡스는 하드웨어, 소프트웨어는 물론이고 애플 스토어까지 최상의 상품을 공개한다는 마음으로 만들었다고 한다. 애플 본사 근처의 비밀 물류센터에서 1년이상 지내면서 스토어 제품을 만들었다. 그리고 진행상황은 오로지 잡스에게만 보고됐다.

수익형 소형 주택
"성공전략
10계명"

01 컨설팅을 통해 사업의 명확한 방향을 설정하라

사업성에 영향을 끼치는 세대수, 수요자에 맞춘 상품의 구성, 금융구조, 사업기간 등 전문가와의 컨설팅 자문을 통해 합리적이고 객관적인 검토가 사업의 성공 확률을 높인다.

02 디자인이 최고의 마케팅이다

건물의 외관뿐만 아니라 좁은 공간을 효율적으로 이용할 수 있는 가구의 선택, 컬러, 조명 등 디테일을 꼼꼼하게 챙겨 소비자를 위한 공간을 만드는 것이 바로 경쟁력이다.

03 관리하기 쉬운 재료를 선택하라

내외장재 등은 가격이 저렴하면서도 교체가 쉽고, 내구성 있는 재료를 선택하는 것이 관리상의 문제를 최소화시키면서 유지비용을 줄일 수 있는 방법이다.

04 임대관리 전문 업체에 맡기는 게 효과적

안정적인 수익유지와 지속적인 관리로 건물의 부가가치를 올리기 위해서는 '기업형 주택임대관리'업체를 선정하여 전문적으로 관리를 하는 것이 사업의 안정성을 확보하면서 건축주의 수고를 덜 수 있다.

05 입주자의 생활서비스에 신경을 쓰자

보안, IT, 청소, 세탁 등 주택도 소프트웨어가 중요하다. 특히 1-2인 가구를 위한 편의시설을 전략적으로 입점시키는 것도 수익을 안정적이면서 지속적으로 유지할 수 있는 좋은 방법이 된다.

06 다양한 세대가 함께 사는 것도 상품의 경쟁력!

획일화된 주거 형태가 아닌 홀로 지내는 외로움과 어려움을 함께 해소하는 코하우징CO-HOUSING도 고려해볼만하다. 단지형으로 계획할 때, 세대공존형 상품을 계획하는 것도 경쟁력이다.

07 셰어하우스SHARE HOUSE로 입주자 만족도를 높이자

공동주방, 공동거실 등 공용공간은 연면적산정에서 제외되고 또한 사업에 수익을 높일뿐만 아니라 입주자가 커뮤니티를 통해 주거 만족도를 높일수있다.

08 상품에 주제를 넣어 공실률 극복!

다양한 소비자의 기호를 구체적이고 세분화하여 파악, 뮤지션하우스MUSICIAN HOUSE나 펫하우스PET HOUSE 등 주택도 일대일 맞춤 상품으로 개발하는 것도 좋은 전략이 될수있다.

09 이제는 컴팩맨션 시대!

초소형주택이 공급과다로 인하여 최근 수익률이 불안정해짐에 따라 30-50㎡의 컴팩맨션COMPACT MANSION으로 계획하는, 실수요자 위주의 상품이 오히려 경쟁력을 가질수있다.

10 일조권 사선제한의 완화를 최대한 활용하자

사선제한 완화로 인해 여유있는 층고를 확보할 수 있어 벽식구조가 아닌 라멘구조로 가변적 공간 계획이 가능하다. 다양한 수요자에 대응하고, 시장의 변화에 탄력적으로 적응할 수 있다.

II.

탱고하우스 디자인 가이드북

주택도 하나의 상품이다.

따라서 주택 수요자들이 바라는
집에 대한 독특한 가치와 생활 특성,
선호와 요구 등을
사전에 분석하고 활용하는 과정이 꼭 필요하다.

나만의 컨셉 찾기

'집은 삶을 담는 그릇'

영국의 수상이었던 윈스턴 처칠 경은 '집은 인간의 생활을 담는 그릇'이라고 하였다. 집이라는 건축물이 그곳에 사는 사람의 생활을 얼마나 잘 지원하느냐가 무엇보다도 중요함을 나타내는 말이다.

사람들의 생활양식을 라이프스타일lifestyle 또는 라이프컨텍스트life-context라는 용어로 표현한다. 이는 개인이나 집단에서 나타나는 생활방식 또는 생활행태를 일컫는 말로, 연령, 직업, 결혼상태, 경제수준, 가치관, 취미와 더불어 사회적 관계, 주변 환경 등에 대한 태도와 생각, 행동 등에 따라 다르게 형성된다. 자신의 라이프스타일에 잘 부합되는 주택에 거주할 때 흔히 말하는 삶의 질과 주거 만족도는 더욱 높아지게 된다.

주택 및 부동산 종합 개발회사인 피데스개발은 2010년을 기점으로 향후 10년에 걸쳐 나타날 주거공간 7대 트렌드를 다음과 같이 선정하였다.[1]

1 2010년 주거공간 10대 트랜드 (출처: 프라임 경제, 2009. 12. 8)

1. 케어 센터Care center로의 진화(쉬는 공간에서 돌봄의 공간으로)
2. 주거의 가시고기현상(유니섹수얼 & 양성평등 주거공간 확대)
3. 아파트 가드닝(gardening) 활성화(그린을 심고 그린을 소비)
4. 주거공간 노마드족 출현(멀티헤비테이션 진화, 머무르는 곳=집)
5. 오더메이드 아파트 시대(라이프 스타일대로 맞춤)
6. 슬림 축소화(방수는 줄이고 공간은 다목적으로)
7. 새로운 가족, 커뮤니티 형성

일상생활과 관련된 모든 상품의 마케팅 분야에서 소비자의 라이프스타일에 대한 정보는 수익 창출에 직접적으로 연관되므로 상품 개발이나 판매 전략에 적극적으로 활용되고 있다. 이는 주거 분야에서도 예외가 아니어서 주택 수요자들이 바라는 집에 대한 독특한 가치와 생활 특성, 선호와 요구 등을 사전에 분석하고 활용하는 과정이 꼭 필요하다. 특히 그것이 수요자의 요구에 따라 일대일 맞춤서비스로 계획되는 탱고하우스의 경우에는 더욱 더!

탱고하우스의 수요 계층

탱고하우스에는 어떤 사람들이 살까?

탱고하우스에 거주하게 될 주된 수요자 계층별로 라이프스타일을 정리해보자. 잘 알려져 있다시피 우리나라는 저출산 고령화 현상과 더불어 고학력 여성의 증가와 결혼을 기피하는 가치관 변화 등에 따라 'Dynamic Korea'로 불릴 정도로 역동적인 변화를 겪고 있다. 이러한 사회적 변화에 따라 나타나는 대표적인 현상 중 하나가 1-2인 가구와 같은 소규모 가구의 증가이다. 이들 1-2인 가구는 그동안 가장 전형적인 가족 유형이던 핵가족이나 대가족과는 다른 라이프스타일을 보임에 따라 이를 수용하는 주거공간의 사용 방식이나 공간 구조, 대안적인 주택 유형 등 주거환경에 대한 요구도 상당히 다르게 나타날 것임을 예측할 수 있다.

전반적으로 1인 가구는 개인의 생활을 중시하는 라이프스타일을 추구하는 경우가 많은 것으로 나타난다. 1인 가구 중에서도 학생이나 직장인과 같이 연령대가 낮은 경우에는 아직 경제 기반이 약하므로 경제성과 더불어 최신 트렌드를 중요시 여기는 경향을 보이는데 반해 노인 혼자 사는 경우에는 외로움을 달래기 위한 여가생활에 좀 더 치중하는 경향이 높게 나타난다. 2인 가구 역시 전반적으로 개인생활과 경제성을 중요시 여기지만 특히 연령대가 낮은 신혼부부인 경우 트렌드와 여가생활을 중시하는 경향이 두드러지게 나타난다.

수요 타겟별 라이프스타일과 주거요구

최근 급증하고 있는 1-2인 가구는 연령대와 사회적 특성, 라이프스타일과 주거요구 등에 따라 대략 다음 5가지 유형으로 구분할 수 있다.

첫번째는 부모로부터 독립하여 새롭게 1인 가구를 형성하는 20-30대의 대학생 및 사회초년생 직장인이다. P세대, G세대 또는 W세대라고도 불리는 이들은 개인의 프라이버시와 여가생활을 중시하는 동시에 최신 트렌드를 따르는 삶을 추구한다.

그러나 아직 경제적 기반이 갖추어지지 않은 상태이므로 주거비 등 경제성을 중시하는 특성을 동시에 보인다. 이에 따라 룸메이트 등 다른 사람과 거주공간을 공유하는데 대한 거부감이 크게 나타나지 않기도 한다. 또한 이들은 주거입지 선정시 학교와 직장 등에 대한 접근성을 매우 중요하게 고려하는 특성을 보인다.

> P세대는 광고대행사 제일기획이 2003년에 작성한 마케팅 관련 연구보고서 <대한민국 변화의 태풍—젊은 그들을 말한다>에서 처음으로 사용한 말로, 사회 전반에 걸친 적극적인 참여Participation속에서 열정Passion과 힘Power을 바탕으로 사회 패러다임

의 변화Paradigm-shifter를 일으키는 세대이다. 이들은 집단보다 개인의 이익을 중시하고 미래보다는 현재의 행복을 중시하면서 문제 발생의 원인을 남에게서 찾는 등 일부 부정적인 모습도 지니고 있다.

G세대는 녹색의 그린Green과 세계화를 뜻하는 글로벌Global의 영어 첫 문자에서 따온 것으로, 건강하고 적극적이며 세계화한 젊은 세대를 일컫는 용어이다. 이들은 환경운동, 반핵평화포럼 등과 같은 곳을 활동무대로 자신의 주장을 당당하고 적극적으로 펴는 매사에 적극적이며 긍정적인 젊은이의 건강한 세계관을 강조한 개념이다.

V세대는 용감하고Valiant, 다양하며Various, 생기발랄Vivid한 2010년대 젊은이들을 말하는 용어이다. 물질적으로 풍요로운 가정에서 부모들의 전폭적인 사랑과 투자를 받아 구김살이 없는 이들은 주로 1988년을 전후로 태어난 세대로, 개성이 있고 자신감이 강하다는 특성이 있다. 또한 비교적 어린 나이에 인터넷 문화와 글로벌화를 접하면서 성장해 디지털 기기를 잘 다루고 글로벌 환경에도 잘 적응한다.[2]

2 P세대, G세대 또는 W세대라고도 불리는 20-30대 젊은이들은 사회환경의 급변으로 인해 한마디로는 규정하기 힘든 다양한 양상을 드러낸다.

두 번째 유형은 '골드 싱글', '싱펫SINGPET족', '기러기족' 등으로 불리는 40~50대 1인 가구이다. 이들 중 일부는 자발적 미혼 또는 이혼을 통해 자유롭고 여유있는 싱글의 삶을 즐기고자 하는 사람들로 혼자 사는 외로움을 반려동물을 키움으로써 달래는 특성을 보이기도 한다. 이와는 달리 결혼을 하여 가정을 이루고는 있으나 자녀 교육 등을 이유로 어쩔 수 없이 가족과 떨어져 싱글생활을 하는 중년의 일시적 1인 가구도 이에 포함될 수 있다.[3]

이들은 젊은 연령층에 비해 경제적으로는 안정됨에 따라 개인의 여가문화와 취미생활을 중시하는 특성이 나타나기도 한다. 이들은 무엇보다도 주거의 성능 중에서 접근성과 편리성을 많이 추구하기도 한다.

세 번째 유형은 이혼이나 사별 등으로 혼자 사는 60-70대 이상 노인 1인 가구이다. 'NO-老족,' 'OPAL족Old People Active Life,' '어모탈리티족Amortality' 등으로 불리우기도 한다. 이들은 다른 수요계층에 비해 경제적 여유가 좀 더 있는 집단으로 여가생활을 중요하게 여긴다. 나이가 들어서도 젊은 사람 못지않게 다양한

3 골드싱글족, 싱펫족, 기러기족 등의 계층은 자유롭고 여유있는 싱글의 삶을 즐기고자 하는 욕구가 강하다.

취미활동과 자아실현을 위한 생활을 적극적으로 영위하고자 하는 욕구를 가지고 있다.[4]

노인 가구들은 젊은 연령집단에 비해 집에서 지내는 시간이 많은 것으로 나타나며 특히 취침과 식사에 필요한 공간에 많은 관심을 갖는 것으로 나타난다. 이러한 요구를 반영하여 노인을 위한 주거공간 계획 시에는 일상생활행위를 수행함에 무리가 없도록 편리성과 안전성, 그리고 실용성을 강조한 계획이 되도록 신경을 쓸 필요가 있다.

네번째 유형은 자녀가 없는 젊은 신혼부부 2인 가구로 흔히 DINK Dual Income No Kids 족으로 불린다. 이들 역시 주로 20~30대의 젊은 연령층으로 구성됨에 따라 젊은 1인 가구와 유사하게 개인적인 취미와 여가활동을 추구하며 트렌드를 중요시 여기는 특성을 보인다. 그런 한편 경제적 기반이 아직 확고하지 못함에 따라 경제적 가치 역시 중요하게 고려하는 특성이 나타난다.[5]

이들은 독립성을 중요하게 여기는 한편 앞으로 자녀를 출산할 가능성에 대비하여 거주공간의 변화가능성 즉 가변성에 대한 요구가 다른 집단보다 높은 특성을 보이기도 한다.

4 NO-老족, OPAL족, 어모탈리티족 등의 60-70대 노인 1인 가구 계층은 경제적 여유와 동시에 취미활동 등에 대한 욕구도 강한 편이다.

다섯 번째 유형은 자녀에게 의존하지 않고 사는 노인부부가구로 TONK족Two Only No Kids으로 명명되기도 한다. 이들은 다른 계층에 비해 경제적 안정성이 높은 집단으로 트렌드와 여가를 추구하는 성향이 높게 나타나기도 한다.[6]

무엇보다도 고령이다 보니 신체적 건강을 지원해 줄 수 있도록 주거의 편리성과 안전성, 실용성(효율성)에 더 많은 관심을 두는 집단이다. 특히 안전성과 관련하여 유니버설 디자인과 같이 포용성을 갖는 디자인적 배려가 많이 요구된다.

> 1인 가구의 특성에 관해 한국노동연구원이 통계청의 '가계동향 조사' 등을 분석한 바에 의하면, 1인 가구의 평균 연령은 57.9세이고, 65세 이상 노인 비율은 26%에 이르며, 이들 중 여성 비율이 54%로 절반을 넘는 등 고령화로 인한 노인 단독 가구가 다수이며, 이 중 여성 단독가구가 상당한 수준으로 드러났다(한겨레신문, 2012. 7. 12). 또한 2인 가구도 자녀 출가 및 분가로 인한 노부모 단독가구 및 무자녀가족의 증가로 인해 비롯된 현상일 가능성이 높다.

5 (L) 자녀가 없는 젊은 신혼부부인 딩크족은 개인적 취미와 여가활동을 중요시하며 경제적 가치를 중시 여기는 특성을 보인다.

6 (R) 통크족은 자녀에게 의존하지 않고 노후의 여유로운 삶을 즐기는 계층이다.

어떤 대지가 집을 짓기에 좋은 땅일까?

우선 아래의 A부터 I까지 9개의 대지는 모두 같은 면적의 대지라고 가정해 보자. 시뮬레이션의 조건은 다음과 같다.[1]

제2종 일반주거지역이라 가정하여 건폐율60%, 용적률 200%를 적용하고 일반적으로 가로구역별 최고높이가 설정되는 대로변을 피해 흔한 동네 골목길 땅으로 골랐다. 지도만 보아서는 어떤 대지가 좋은 조건인지 와닿지 않으니 다음의 단계를 하나하나 체크해가면서 내가 원하는 땅을 골라보자.

VOLUME 체크!

먼저 이 지역은 주거지역이기 때문에 해당 대지의 정북 방향으로 채광 및 일조사선 규정이 적용된다.

법규에 의한 정북방향으로부터의 건축제한선을 그려보면 북측에 인접대지와 접한 대지 보다는 도로에 면하고 있는 땅이 높이 제한에서 조금 더 유리하다는 것을 알 수있다.[2]

1 보기에는 모두 같은 크기의 땅이기때문에 지을수 있는 건축물도 같을거라 생각하기 쉽지만 실제 건물을 짓게되면 상황은 판이하게 달라진다.

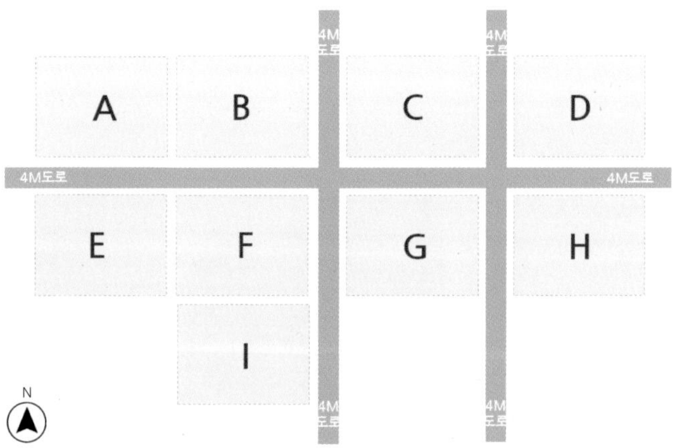

이제 도로사선제한선을 적용해보자.

지자체별로 조례에 따라 가장 넓은 도로를 적용받기도 하지만, 이 시뮬레이션에서는 기본적인 건축법만을 적용하여 각각의 도로에서 사선제한을 적용키로 하자. 이면도로인 곳은 각 방향마다 경사가 생기는 것이 보인다.[3]

이제 두 종류의 사선을 크로스 체크, 건축 가능한 최대 볼륨을 확인해보자. 땅의 모양은 같지만 접도조건, 향에 따라 최대로 지을 수 있는 볼륨이 달라진다.[4]

도로, 정북방향에 따른 두 종류의 사선을 복합 적용한 결과를 살펴보면, A부터 D까지의 땅은 법규상 200% 용적률이지만 실제 건축이 가능한 면적은 160%정도밖에 찾지 못한다는 것을 알 수 있다.[5]

2 (왼쪽) 건축법에 의한 대지별 정북방향 건축제한선

3 (오른쪽) 건축법에 의한 대지별 도로사선

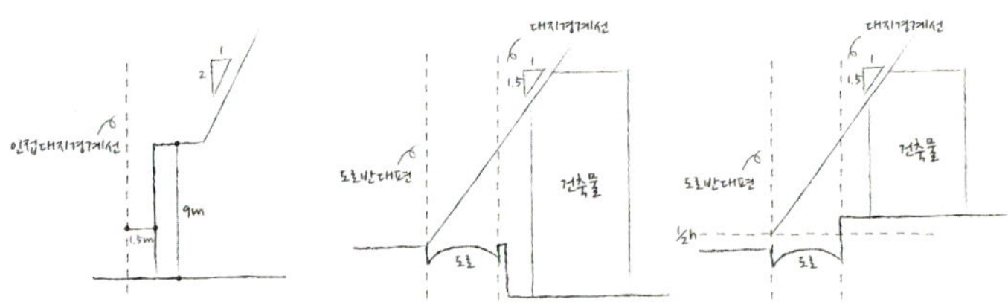

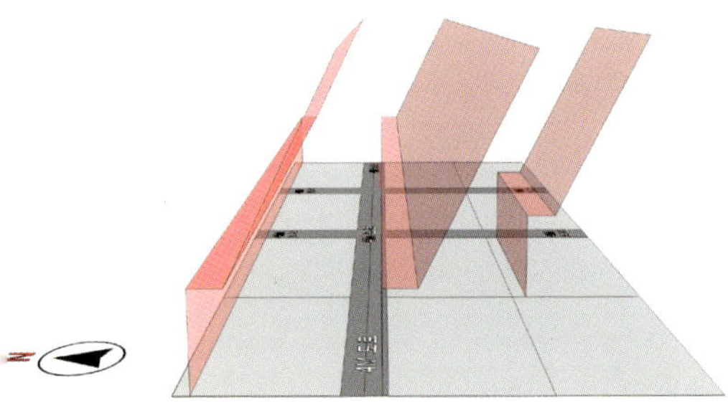

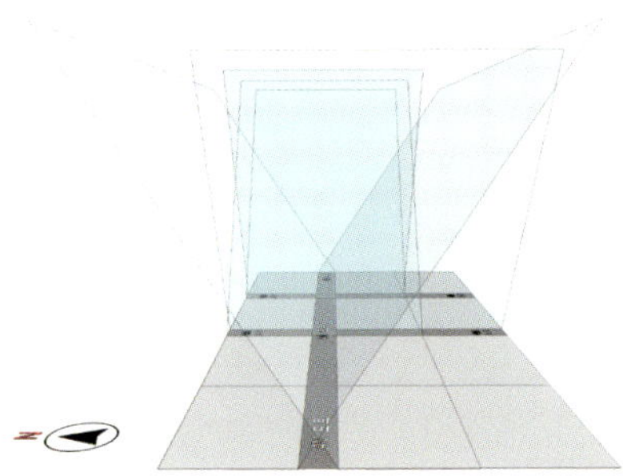

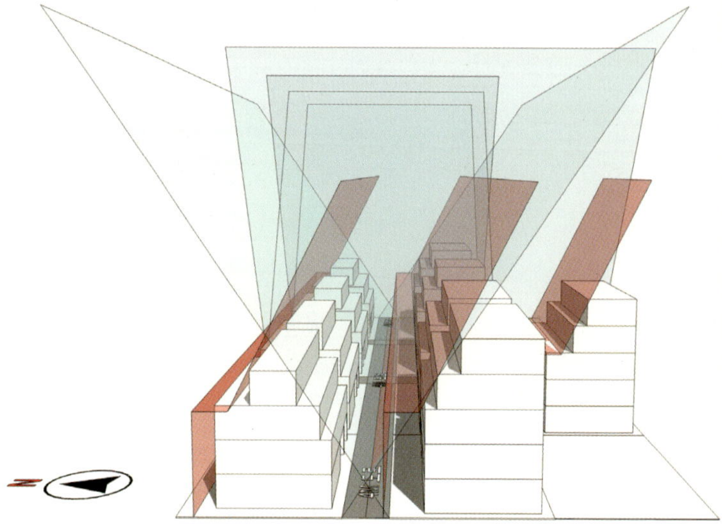

4 정북과 도로, 두 가지 사선제한을 복합적으로 적용하여 어느 대지가 건축가능영역이 가장 큰지 가늠해보아야 한다.

5 A부터 D까지의 대지는 도로와 정북방향 사선이 다른 대지에 비해 불리하게 작용해 건축가능영역이 다른 대지에 비해 작다.

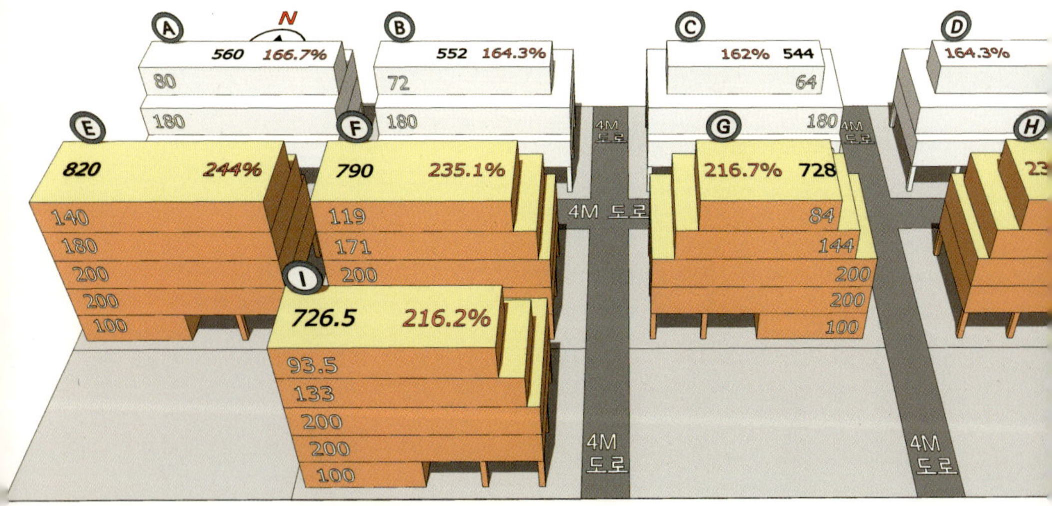

VOLUME + MASS

이번에는 건물의 형태, 매스에 대해 고민해 볼 차례.

먼저 E부터 I 대지는 법에서 정한 최대용적률인 200%까지 면적을 찾을 수 있다. 면적이 남으니 상층부 몇개층을 반듯하게 일치시켜 공간 효율성을 높이거나 각층 테라스를 좀더 쓸모있는 공간으로 확장할 수 있다. 초기 건설시 용적을 다 채우지 않더라도 향후 증축을 고려할 수도 있는 것이다. 대표적으로 반듯한 입면의 E타입과 계단식 테라스가 생기는 H타입을 비교해보자.[6]

6 반듯한 입면계획이 가능한 E타입(왼쪽)과 상부로 올라감에따라 건축제한선을 따라 입면에 변화를 준 H타입의 마이바움(오른쪽)

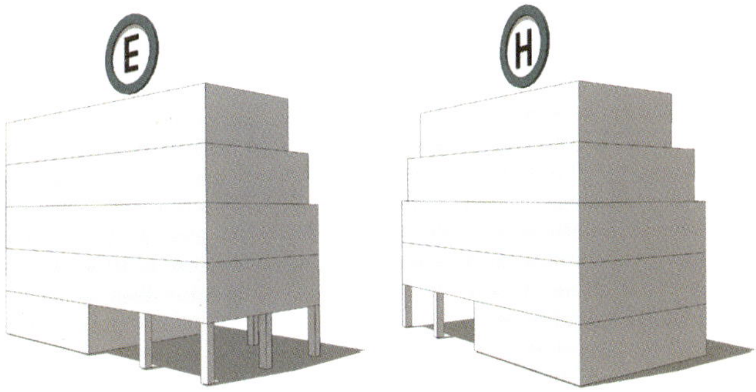

1층에 기획할 상업시설은 어떤 업종이 좋을까? 면한 도로에 따라, 향에 따라 민감하게 수익에 영향을 끼치는 땅의 비밀, 한 번 들여다보자.

상가의 업종을 정할때는 우선적으로 주변의 상권과 유동인구, 타당성에 대한 전문적인 조사가 바탕이되어야 한다. 이에 돌다리를 두드려보는 마음으로 건축적인 시각도 더해보자. 물론 유동인구가 많은 역세권이 가장 좋은 입지겠지만, 향이 업종에 미치는 영향, 상층부에 위치한 주거시설과의 상호작용 등도 고려해보면 좋다.[7]

젊은 세대가 주로 입주하게 되는 건물은 1층에 북까페나 도시락가게, 24시간 편의점, 코인세탁소 등을, 여성전용건물이라면 애완동물 관련 샵이나 네일아트 등 미용 관련 가게를, 신

7 향에따라 적합한 업종. 일사량이 많은 남서쪽은 식품관련 업종을 피하는 것이 좋다.

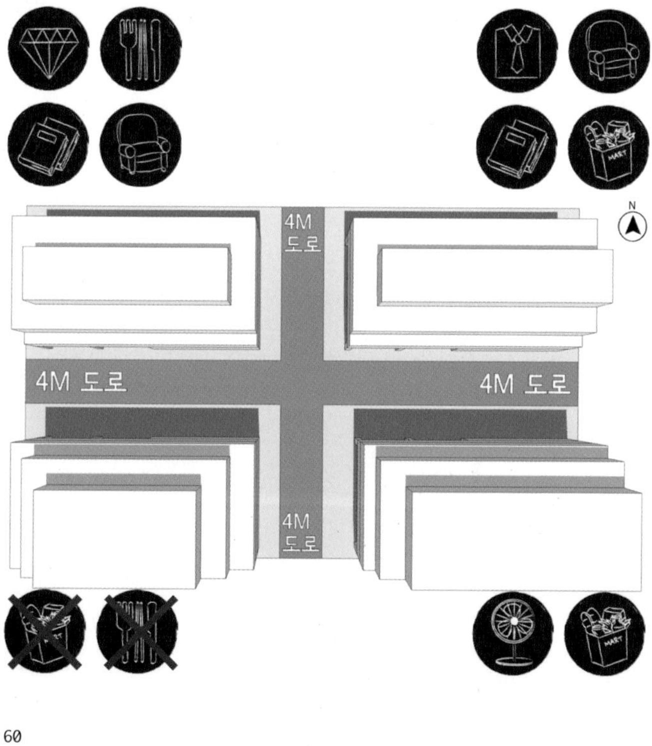

혼부부라면 반찬가게, 육아시설 등 거주민의 편의시설로 기획하면 테마를 가진 건물로서 공실률 줄이는 데에도 한몫 하게 된다.[8] 부지선정에 앞서 전체적인 건물의 모양, 테마를 구상하여 구체적으로 적어보자.

테마	예) 세대 믹스형 주거시설
건물 형태	예) 테라스형 - 텃밭이 있는 집
주거시설 주요 수요층	예) 2,3층 젊은 싱글세대, 테라스있는 4,5층은 노부부
저층부 상가 업종	예) 편의점 - 생필품 구입도 손쉽고 택배등의 서비스 가능, 24시간운영이라 방범 효과도 있음

8 향에 따라 적합한 상업시설과 주거시설의 특징

	SHOP	RESIDENCE
동	양복점, 가구점, 서점, 식료품점	아침에 햇살이 가장 먼저 들어온다.
서	부인용품점	오후에 햇살이 가장 깊숙이 들어온다.
남	여름용품, 부인용품점, 식료품점	햇빛이 하루종일 잘 들어온다. 여름에는 태양의 고도가 높아 해가 얕게 들고 겨울에는 태양의 고도가 낮아 해가 깊숙이 들어 냉난방이 저절로 되고 밝다는 장점이 있다.
북	귀금속점, 음식점, 양복점, 가구점, 서점, 식료품점	태양 고도에 따른 일조량 변화가 적기 때문에 연구나 두뇌활동을 많이 하는 사람에게 적합하다. 아침과 정오 석양 무렵에 각기 다른 표정으로 변하는 풍경을 감상하는것이 가능하다.

9 1층에 커피숍, 편의점이 입점시켜 입주민의 편의를 고려한 마이바움 회기(왼쪽)와 제기(오른쪽)

입면 스타일 맵

비슷한 규모의 마이바움 프로젝트들을 토대로 입면 스타일 맵을 구성해보았다.

수익형 주택의 외부마감재는 미려함과 관리보수의 용이성, 내구성, 경제성 이 네가지를 모두 만족시켜야 한다. 먼저, 내 건물이 완성되었을때의 이미지를 상상해보자.[1]

한국인의 정서와 환경에 가장 친숙한 색채인 오렌지레드YR부터 침착한 그레이 스케일GREY SCALE까지 칼라 컨셉을 염두에 두고 외

1 마이바움 스타일 맵

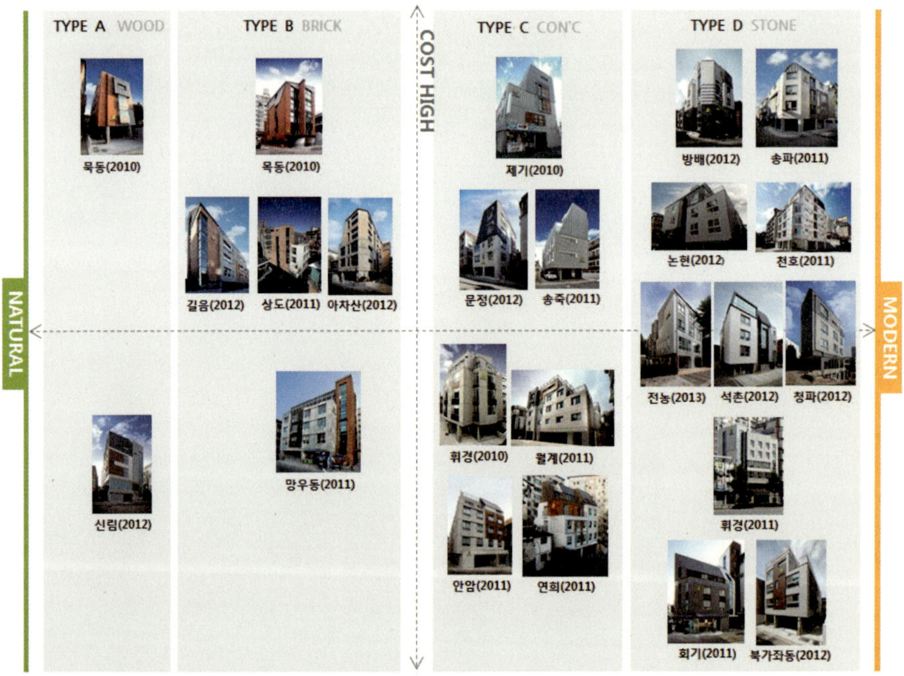

장재를 선정하면, 진행 과정에서 변경이 있더라도 대체 마감재 결정에 있어 온전한 컨셉을 유지하기 쉽다. 컨셉이 없이 재료 각각의 모양만을 따진 디자인은 조악해지기 쉬워 비용 만큼의 효과를 내기 힘들다. 때문에 가장 조심해야 하는 부분이다.[2]

견고한 인상을 연출하는 석재, 모던—내추럴의 노출콘크리트, 따뜻한 온기가 느껴지는 치장벽돌, 자연친화적 분위기의 합성 목재 중 자신의 예산에 맞춰 주 재료를 선정한다.

석재는 모노톤 뿐만 아니라 레드 계열, 브라운 계열 등 색상에 따라 다양한 석종이 있고,[3] 치장벽돌에도 레드, 아이보

2 마이바움 컬러 맵

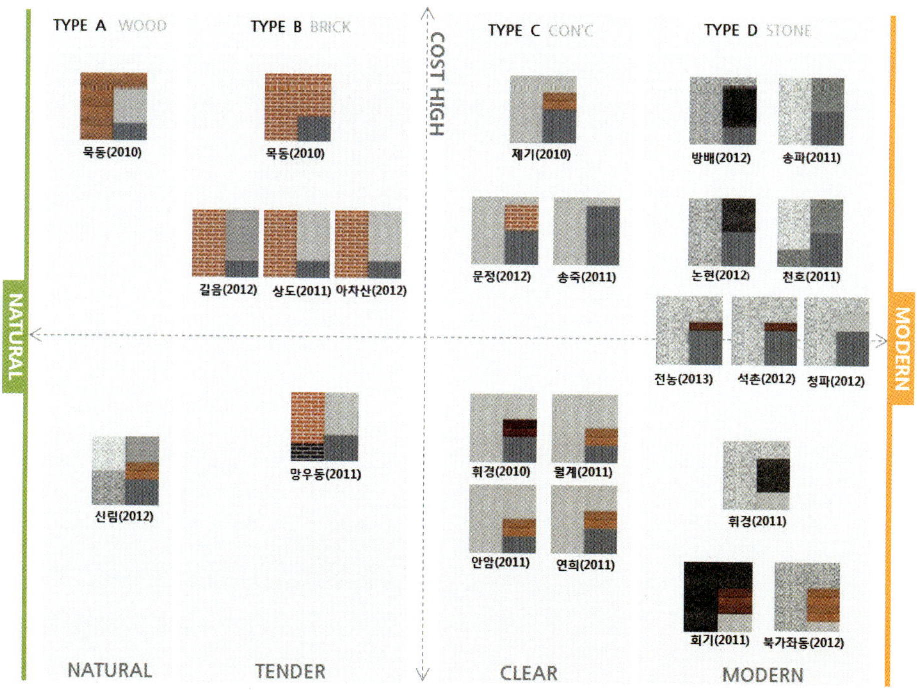

3 석재의 다양한 컬러 및 질감

4 치장벽돌의 다양한 이미지

5 외장주요자재 조합 방식, 비싼 마감재보다는 서로 조화를 이루는 외장재들을 선택하고, 이와 함께 향후 관리가 용이한지 내구성, 시공성을 따져보는 일이 보다 중요하다.

리, 브라운, 블랙, 화이트 벽돌 등 개성있는 제품들이 생산되고 있다.[4] 왼쪽 아래의 띠는 200평 규모의 소형 주택 외벽면의 평균치를 토대로 주요자재의 제품값과 인건비를 반영한 평당 금액이니 참고하기 바란다.

주재료를 선정하였으면 부재료를 선정할 차례.

도로나 주요한 외부 시선에 노출되는 면은 주재료를 적용하고, 인접건물과 바짝 면하고 있거나 옹벽을 마주보는 벽은 상대적으로 저렴한 도장재 종류에서 선택하여 공사비를 절감하자. 도장재로는 일반적으로 멀리서 보았을 때 석재와 거의 유사한 느낌의 미장스톤을 많이 사용하는 편이다. 주재료와 부재료의 비율은 보통 2:2 혹은 3:1 정도로 적용한다.[5]

주조색이 정해졌으면, 일부층에 적당한 비율로 보조색을 적용하여 입면에 변화를 주자. 보조색이 지나치게 많거나 비율이 높아질 경우 자칫 조잡스러워 보일수 있으니 주의해야 한다.

마이바움의 경우, 상층부 칼라강판이 보조색으로 사용되며 이는 전체적인 입면 비례를 잡아줄 뿐 아니라 마이바움만의 독특한 스타일을 만들어 준다.[6]

6 마이바움의 상부 마감재로 즐겨 사용되는 칼라강판은 유지관리가 쉽고 고급스러운 이미지를 준다.

마지막으로 건물의 시선을 잡아주는 강조색 적용 부분.

특정한 브랜드가 있다면 B.I.BRAND IDENTITY를 포인트 칼라로 활용할 수 있겠고, 창문 프레임이나 주출입 강조 부분에 적절하게 적용하여 시각적, 기능적으로 부분을 부각시킬 수 있다. 강조색은 주조색과 유사색상 내 마감재를 선정할 경우 부드럽고 온화한 이미지를 연출할 수 있고, 반대색상에서 선택할 경우 대비효과를 통해 세련된 느낌을 만들어 주기도 한다.[7] 유사배색으로 자연스러운 이미지를 나타내는 사례와 채도대비를 통해 보다 또렷한 느낌을 전해주는 사례를 마이바움 프로젝트에서 살펴보자.[8]

7 포인트 칼라 배색 방법

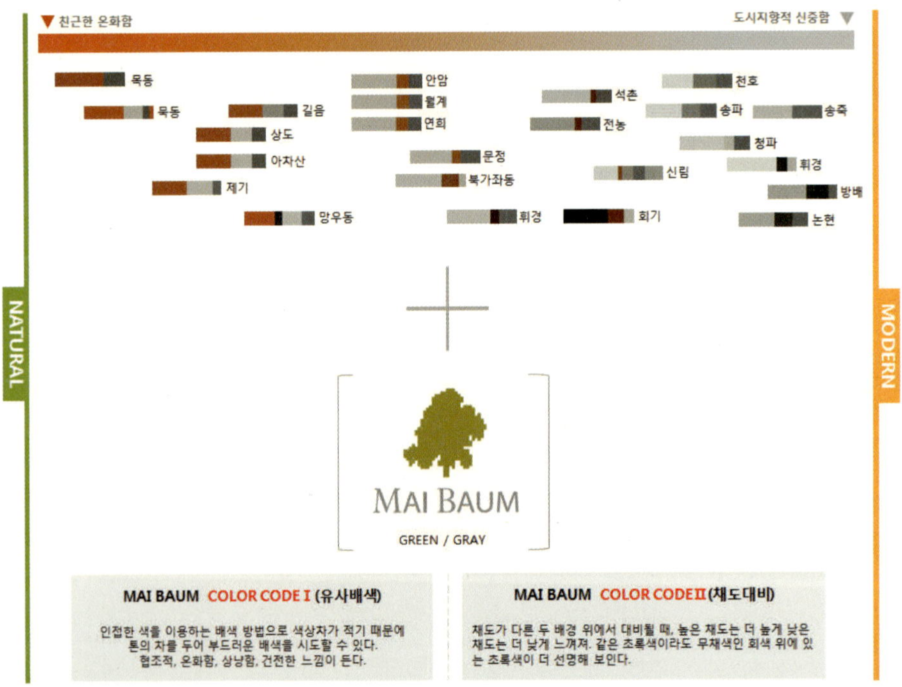

탱고하우스, 입면 디자인 정하기

컨셉을 정했다면 본격적으로 건물을 짓는 일에 드는 덩치 큰 비용들을 계산해보자. 앞서 언급된 컬러컨셉과 재료정보들을 바탕으로 탱고하우스 외부마감재를 선택하여 예산내에서 원하는 디자인을 가능케해보자. 디자인가이드북은 연면적 200평, 상가1개층, 주거15세대, 건물높이 15m(5층 규모)를 기준으로 가격 정보를 제공하며, 부가세는 별도 계산한다. 향후 단열성능 법규가 강화되면 해당 항목의 공사비가 상승할 것이다.

항목	구성	가격	적용여부
기존건물 철거	2~3층 연면적 100평 이내 건물로 가정	약 1천2백만원/식	
골조공사	연면적 200평, 5개층	약 2억2천만원/식	
지하층공사	5m기준, 지하 암반의 경우 공사비 상승	약 200만원/평	
1층 피로티	기둥 및 천정마감재에 따라 공사비 변동	약 200만원/식	
다락방	2~3평 규모 건식공법 적용	약 700만원/개소	
경사지붕 (방수포함)	아스팔트 싱글 마감	약 5만원/평	
	칼라강판 마감	약15만원/평	
평지붕 (방수포함)	텃밭 계획	5만원/개소	
	바닥목재데크	약 15만원/평	
조적 및 미장		약 350만원/식	
외벽 단열재		약 700만원/식	
외벽 마감재	화강석	약 2천2백만원/ 외벽1면	
	치장벽돌	약 1천8백만원/ 외벽1면	
	노출콘크리트	약 1천1백만원/ 외벽1면	
	미장스톤	약 9백만원/ 외벽1면	
외벽 4면 마감구성			
입면디자인 예산 합계			

작은 공간이지만 효율적으로 사용하자

주거공간에 대한 사람들의 보편적인 생각, 즉 주거규범Housing Norm은 각 문화권의 사회, 경제, 정치, 환경적 요인 등 다양한 영향요인에 따라 다르게 나타난다. 시간이 흐르는 과정 속에서 어떤 규범은 변하지 않고 지속되지만 어떤 것은 시간이 흐르면서 변화되기도 한다.

예를 들어, 우리는 오래 전부터 남향배치를 선호해 왔으며 이러한 규범은 지금까지도 유지되고 있다. 하지만 변화된 부분도 있다. 예전에는 집안에서 부엌은 너저분한 그릇들과 갖가지 음식냄새 풍기는 작업공간으로 인식되어 꽁꽁 감춰져야 하는 부분으로 생각되었다. 그러나 지금은 어떤가. TV를 틀면 거의 모든 채널마다 다양한 요리와 먹거리를 소개하는 프로가 나올 정도로 식문화에 대한 대중적 관심이 높아졌다. 이와 더불어 부엌이라는 공간 역시 집안에서 거실과 함께 중요한 사회적 공간으로 그 위상이 달라졌다.[1]

1 과거(왼쪽)와 현재(오른쪽)의 주방공간

오늘날 우리 사회는 상상할 수 없을 정도로 빠른 속도로 변화하고 있다. 이 과정에서 집에 대한 사람들의 생각 역시 많은 변화를 겪고 있다. 특히 가구 규모 축소에 따른 1~2인 가구의 증가는 아파트 중심의 주택 유형에 대한 수요 변화와 더불어 규범의 변화 역시 함께 초래하고 있다.

탱고하우스가 추구하는 궁극적인 목표는 '작지만(기능적으로) 강한' 주택이다. 비록 규모는 작아도 그 안에 수요자가 원하는 기능들이 함축적으로 제공된다면 저비용 고효율 강소주택強小住宅으로서의 가치를 제대로 발휘할 수 있을 것이다. 작지만 강한 주택이 되기 위해 갖추어야 할 요건은 무엇인가.

좁은 공간이지만 가변성을 주자

작은 공간을 효율적으로 쓰는 방법 중 하나가 가변성을 활용하는 것이다.[2] 1~2인 가구가 사용하는 14~30㎡ 또는 30~50㎡ 정도 규모의 소형주택이라도 경우에 따라 기능이나 용도의 구획이 필요할 수 있다. 이런 때 손쉽게 이동이 가능한 조립식 또는 가구식 칸막이 벽체를 설치하여 필요에 따라 방 구성을 바

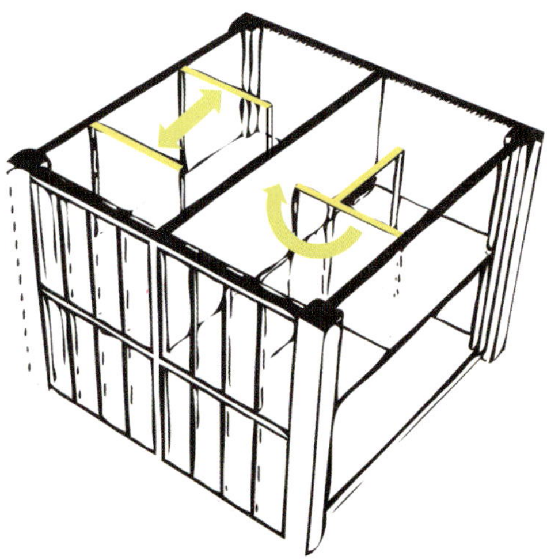

2 가구식 칸막이 벽체를 활용하면 필요에 따라 공간구성을 바꿀 수 있다

꿀 수 있는 여지를 준다면 융통성있는 공간이 제공될 수 있다.

주어진 공간을 컴팩트하게 사용하자

1~2인 가구의 경우 대부분 집에서 보내는 시간보다 밖에 있는 시간이 많으므로 굳이 넓은 집에서 살면서 높은 주거비를 지불할 필요는 없다.

크기는 작지만 생활에 필요한 모든 기능과 설비를 갖춘 주택으로 만든다면 작지만 강한 주택이 될 수 있다. 기존의 원룸부터 서비스드 레지던스까지 독신자를 위한 주거유형은 다양한데, 이러한 공간들의 크기는 보통 전용 13㎡ 내외이다. 여기에 침대, 책상, 화장실, 샤워실, 미니부엌, 컴퓨터 겸용 TV 등의 일상생활용 물품과 함께, 로비, 공동세탁실, 헬스장, 비즈니스센터, 카페 등의 공동시설을 갖추고 있다.

3 같은 면적이라도 천정의 높이가 높으면 공간의 활용도도 높아지고 개방감으로 인해 더 넓은 느낌을 얻을수 있다

공간의 입체적 활용의 중요성

작은 공간을 효율적으로 활용하는 방법 중 하나는 공간을 입체적으로 활용하는 것이다. 예를 들어 주택 내부 천정 높이를 기존 높이보다 1.5배 정도 높게 계획할 경우 그만큼의 공간을 수납공간이나 거주공간으로 사용할 수도 있다.[3]

옛날 주택에서 다락방처럼 1층에는 작업과 식사공간을, 낮은 1.5층에는 아늑한 침실을 계획하면 좁은 공간을 넓게 사용할 수 있다. 또한 낮은 책상을 두어 멋진 공부방으로 활용할 수도 있다.

공간감 확장을 위한 디자인 요소의 활용

작은 공간을 넓게 사용하는 방법으로 색, 무늬, 질감 등의 디자인 요소를 이용할 수 있다.

일반적으로 밝고 강하지 않은 색은 공산을 넓어보이게 하는 효과가 있다. 청색, 녹색과 같은 차가운 색(한색)은 공간의 깊이를 더해주지만 붉은 색, 노란색 계열의 따뜻한 색(난색)은 공간이 돌출된 느낌을 준다. 따라서 좁은 방의 경우 한색(청, 녹색 계열) 계열의 밝은 색 벽지로 마감하면 실제보다 공간이 뒤로 물러나 더 넓어 보이는 효과를 줄 수 있다. 그밖에 한쪽 벽면에 거울을 설치함으로써 공간의 시각적 확장효과를 주는 것도 가능하다.[4]

마감재 등의 기하학적 패턴을 이용하여 공간감을 조절할 수도 있다. 수직선 패턴은 높이감을, 수평선은 길이감과 방향성을 강조하는 효과가 있다. 이러한 느낌을 이용하여 일정한 규모와 형태의 공간에 시각적 심리적 효과를 더할 수도 있다.[5]

4 한색을 활용한 공간감 확장 사례

5 패턴을 활용한 공간감 확장 사례

6 재질을 활용한 공간감 확장 사례

무엇보다도 규모가 작은 방에는 잔잔하고 작은 무늬가 반복되거나 무늬없는 단색의 벽지, 커텐 등을 사용하는것이 좋다. 지나치게 크거나 복잡한 무늬가 있는 벽지나 커텐 등은 시각적으로 공간을 더욱 좁아보이게 한다.

일반적으로 거울이나 유리처럼 표면이 매끄러워 반짝거리며 광택이 있어서 빛이 반사되는 재료를 사용하면 같은 규모의 방이라도 좀 더 넓어 보이는 효과가 있다. 따라서 규모가 작은 방에는 무광택의 목재보다는 밝고 하이글로시한 질감으로 마감하는 것이 공간감 확장이라는 면에서는 더 바람직하다. 그러나 이 경우 표면에 손자국이나 먼지 등이 잘 드러나 유지관리상에는 다소 문제가 있을 수 있음을 유념하자.[6]

탱고하우스는 수요지의 라이프스타일과 주거요구를 지원하는 방식으로 디자인 언어와 서비스를 주거공간에 적용함으로써 고객의 감성을 자극하고 만족을 높일 수 있다. 무엇보다도 규모가 작은 소형주택의 하드웨어적 단점을 소프트웨어로서의 주거서비스로 보완함으로써 기본적인 주거의 성능을 높일 필요가 있다.

1~2인 가구의 공간적 요구

탱고하우스 수요 계층의 주거수요에 대응하는 공간디자인을 위해 수요 계층별 요구사항을 살펴보자.

통계자료(2010년 인구주택총조사)에 따르면, 서울시의 경우 1~2인 가구가 거주하는 주택의 일반적인 규모는 40㎡ 이하이며, 특히 1인 가구의 경우 40㎡의 주택에 거주하는 비율이

71%로 압도적으로 높게 나타난다.

> 2010년 인구주택총조사 전수조사 결과에 의하면, 서울의 경우 전용면적 60㎡ 미만 소형주택에 거주하는 가구가 909천 가구(37.1%), 60~85㎡ 주택에 거주하는 가구는 782천 가구(32.0%), 85㎡ 이상 주택에 거주하는 가구는 755천 가구(30.9%)로 나타났다. 가구원수별로 주택규모의 분포를 살펴보면, 1인 가구의 69.6%, 2인 가구의 49.8%가 60㎡ 미만의 소형주택에 거주하고 있는 것을 알 수 있다. 특히 1~2인 가구 중 40㎡ 미만 소형주택에 거주하는 비율이 37.9%로 3인 이상 가구에 비해 6배 이상 높게 나타난다.

1~2인 가구가 선호하는 주택규모에 대한 연구 결과를 보면, 20~30대 젊은 연령층의 경우 30~85㎡까지 다양하지만 주로 30~40㎡인 것으로 나타난다.

한편 중장년층 및 노년층 1~2인 가구의 경우 대체로 60~70㎡를 선호한다는 응답이 많다. 이러한 점을 고려하여 각각의 수요계층을 위한 주거공간을 계획할 때에는 비록 절대적인 주택 규모는 작더라도 선호하는 규모와 유사한 정도의 공간감을 느낄 수 있도록 하는 공간디자인이 적용되어야 한다.

1~2인 가구는 욕실 내 샤워부스의 설치를 선호하지만 아직 자녀가 없는 젊은 신혼부부의 경우 가족원이 늘어날 것에 대비하여 간혹 욕조 설치를 요구하기도 한다. 대부분의 1~2인 가구는 부엌이 다른 용도의 공간과 분리되는 LD+K 유형을 선호하는 것으로 나타난다.

학생과 젊은 직장인 1인 가구는 세탁실, 운동시설, 휴게 공간과 같이 개인적 생활과 연관된 공유공간에 대한 요구가 높게 나타나는 반면, 노인 1인 가구는 대화와 같은 사회적 관계 형성과 관련된 응접실이나 로비 공간에 대한 요구가 더 높게 나타난다.

> 요즘처럼 개인화된 경쟁사회에서 인간관계는 인터넷과 모바일로 대체됨에 따른 반작용으로 사람들은 더욱 더 개인적 휴식과 자아찾기에 몰두하는 형태의 '라운징소비'가 늘어날 것으로 예측된다. 특히 개인공간의 규모가 협소한 소형주택의 경우 이같은 기능을 제공하는 라운지 개념의 공유공간 확보는 거주자의 만족도를 높이는데 매우 중요한 요소가 될 것이다. 다 함께 사용하는 공유공간이긴 해도 사용자들이 필요에 따라 여유롭게 음악을 듣거나 휴식할 수 있는 기회를 제공한다면 매우 바람직할 것이다.
>
> _ 나홀로 라운징 (출처: 트렌드 코리아 2013, 김난도 외, 2012)

학생과 젊은 직장인 1인 가구는 붙박이장, 냉장고, 에어컨, 세탁기 등 생활편의를 위한 가전제품 전반에 대한 설치 요구가 고르게 나타나는데 반해, 노인 1인 가구의 경우 소유한 물건이 많음에 따라 붙박이장에 대한 선호와 요구가 가장 높게 나타난다. 1인 가구 중에서도 성별에 따라 소유한 물품의 보관 내용이 다른 것이 보편적이다.

1~2인 가구가 원하는 주거서비스

1~2인 가구가 요구하는 공통된 주거서비스는 무인경비시스템, 무인택배, 음식쓰레기 탈수기, 중앙집진 진공청소기 등으로 일상생활의 편의성을 높일 수 있는 내용들이다. 그중에서도 학생 1인 가구는 조경시설과 다목적공간, 피트니스센터,[7] 자전거 거치대[8] 등 여가 및 취미생활과 관련된 내용의 서비스 요구가 높은 반면 직장인 1인 가구의 경우에는 스마트 원카드 시스템과 창고수납공간, 실외 원격제어시스템 등 보안과 안전성 확보와 관련된 서비스 요구가 좀 더 높게 나타난다.

자식과 떨어져 사는 노년층 부부의 경우 가족이나 친지, 친구들과의 사회적 관계성에 높은 가치를 두는 경향이 있어 이들의 방문시 이용할 수 있는 호텔식 게스트룸에 대한 요구가 비교적 높은 것으로 나타난다.[9]

7 (왼쪽) 피트니스 센터
8 (오른쪽) 자전거 거치대

9 (왼쪽) 호텔식 게스트룸
10 (오른쪽) 비디오폰_제품출처:COMAX

1~2인 가구들은 연령층에 관계없이 전반적으로 CCTV 감시시스템과 LCD 비디오폰 등 안전성과 관련된 부분에 대한 높은 요구를 갖고 있다. 특히 여성 1인 가구나 노인 가구 등 안전의 요구가 높은 수요 계층을 위해서는 물리적 시설 설비 이외에도 입주자들 간의 커뮤니티 형성을 통해 서로를 케어해 줄 수 있는 사회적 네트워크 조성을 위한 계획적 배려도 중요하게 고려될 필요가 있다.[10]

1~2인 가구의 선호 색채

학생, 직장인과 같은 젊은 1인 가구들은 일반적으로 최신 트렌드와 패션에 민감한 특성을 보인다.

이러한 부류의 라이프스타일별 선호 색채를 조사한 연구 결과에 따르면 유행에 민감한 '패션지향형'은 채도가 높은 vivid color를 선호하는 경향이 높다. 반면 연령에 비해 보수적 성향을 지닌 '전통보수형'은 strong color를, 자신의 취미와 문화생활을 지향하는 '여가활동형'은 bright color를 선호하는 것으로 나타난다.

전반적으로 20~30대 연령층은 '이국적'이거나 '모던'한 느낌의 vivid, strong, deep, dark color 또는 black & white 계열 색채에 대한 선호를 보여 공간의 색채 계획시 이를 반영할 필요가 있음을 보여준다.

50대 이상 장년층은 '내츄럴'한 느낌을 주는 pale, light, grayish, dark한 계열의 색채를 선호하는 것으로 나타났다. 특히 60대 이상 노인들은 전반적으로 'pale, bright, light' 한

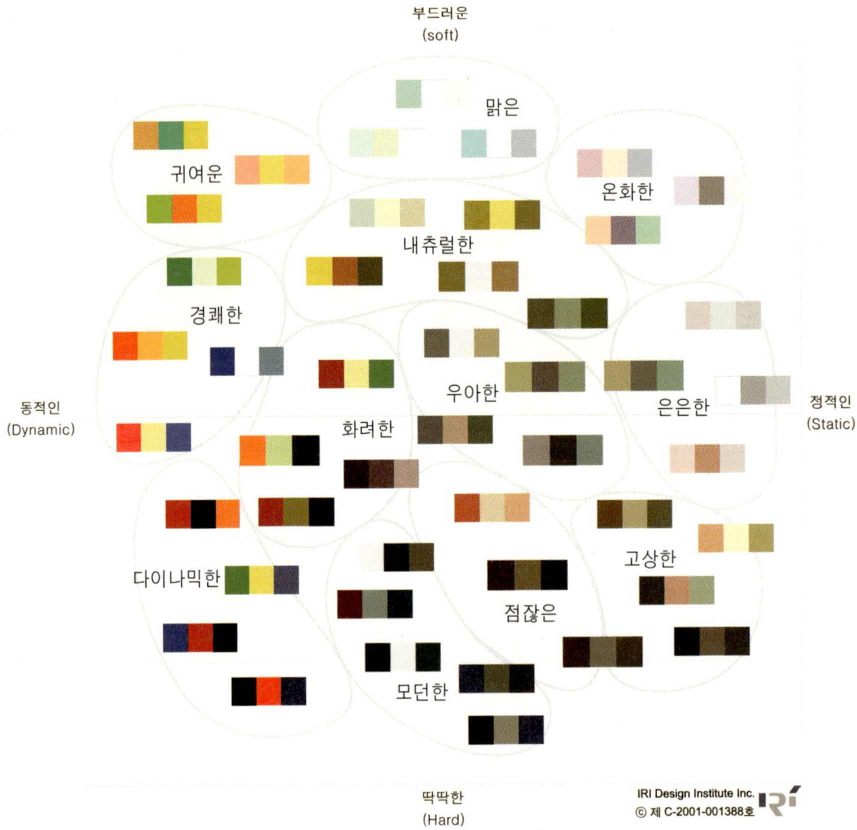
부드러운
(soft)
맑은
귀여운
온화한
내츄럴한
경쾌한
우아한
은은한
동적인
(Dynamic)
화려한
정적인
(Static)
다이나믹한
고상한
점잖은
모던한
딱딱한
(Hard)
IRI Design Institute Inc.
© 제 C-2001-001388호

11 IRI 배색 이미지

색을 선호하는 것으로 나타나 연령대에 따른 선호색에 차이가 있음을 보여준다.

일반적으로 연령이 60세가 되면 20세에 비해 30% 정도의 빛만이 망막에 도달되므로 사물을 명확히 구분하고 인지하는 것이 쉽지 않다. 따라서 노년층을 위해서는 젊은 사람들보다 밝은 빛이 요구된다. 또한 노화 현상으로 인해 수정체가 점차 황색으로 변하기 때문에 노인들은 청색, 녹색, 보라색 보다는 적색과 황색을 더 잘 구별할 수 있다.

이러한 시각적 변화 특성을 감안하여 노년층 수요자를 위한 공간 계획 시에는 조명과 색상의 선택에 좀 더 신경을 쓸 필요가 있다. 예를 들어 노인들의 선호색은 밝고 부드러운 색이라고 해도 계단이나 단차와 같이 안전상 위험요소가 있는 부분은 식별성을 강조하기 위해 적색, 황색 등을 이용하여 채도와 명도대비를 강하게 처리하는 방식을 사용하는것이 좋다.

1~2인 가구의 원하는 인테리어 스타일

20~30대 학생과 젊은 직장인 1인 가구는 전반적으로 장식이 절제된 모던한 느낌의 미니멀 스타일을 선호하는 경향이 두드러진다. 이는 성별에 따라서 약간 차이가 있어서 여성의 경우에는 보다 깔끔하고 댄디한 미니멀 스타일을, 남성의 경우에는 내추럴 스타일에 대한 선호가 조금 더 높게 나타난다.

한편 새로운 트렌드를 추구하는 성향이 강한 20대의 경우 이국적 스타일에 대한 선호가 다른 연령대보다 좀 더 높게 나타나기도 한다.

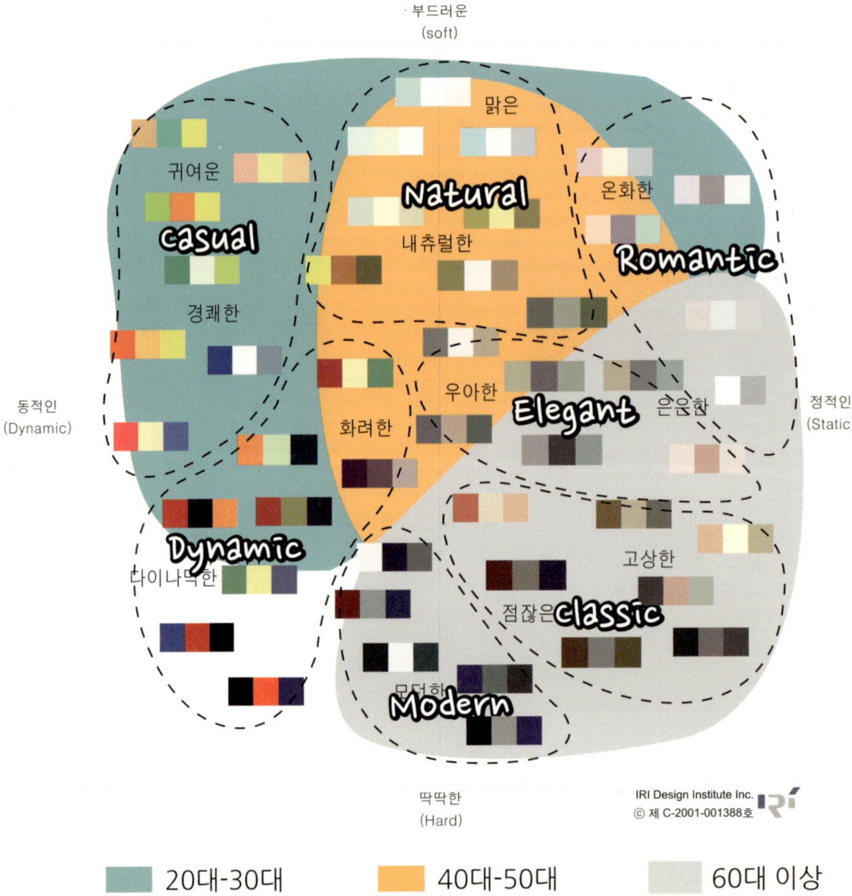

12 IRI 배색 이미지를 기준으로 하여 재분류한 연령대별 색채 이미지

젊은 1인 가구의 내부 마감재에 대한 선호 경향을 보면, 모던 & 미니멀 스타일에 대한 선호 경향과 맞물려 유사하게 나타남을 알 수 있다. 실내 바닥은 보통 내추럴 오크 또는 월넛 계통을, 벽은 화이트 & 베이지 계통의 밝은 대리석이나 자연석을 선호한다. 실내의 주조색은 블랙 & 화이트에 채도가 높은 포인트 색상을 선호하는 것으로 나타난다.

40~50대 중장년층 부부 가구들은 내츄럴한 스타일에 대한 선호가 두드러진다. 60대 이상 노인 1인 가구의 경우 여성은 보다 로맨틱한 스타일을 선호하는 반면 남성은 클래식과 모던 스타일에 대한 선호가 고루 나타나는 경향을 보인다.

탱고하우스,
수요층에 맞는
평면 고르기

1인세대 평면 고르기

☐ 나 혼자 산다, P세대

20~30대 학생, 직장인

[라이프 스타일]
개인생활중시형, 경제중시형,
트렌드중시형, 여가생활중시형

[주거성능]
경제성, 안전성, 실용성(효율성),
쾌적성(방음, 프라이버시)

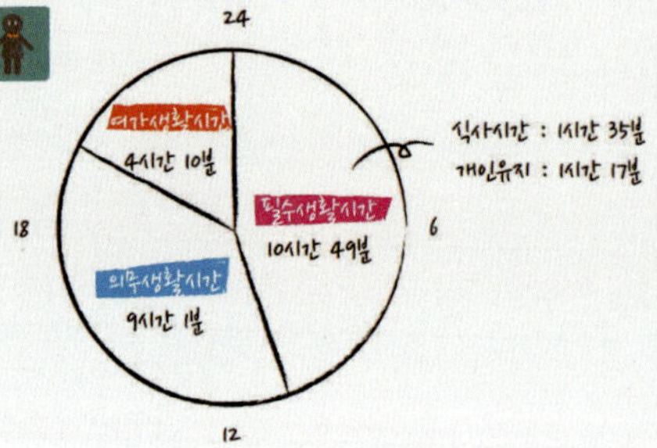

☐ 골드싱글, 싱글펫족

40~50대 골드싱글

[라이프 스타일]
개인생활중시형
여가생활중시형

[주거성능]
안전성, 실용성(효율성), 편리성

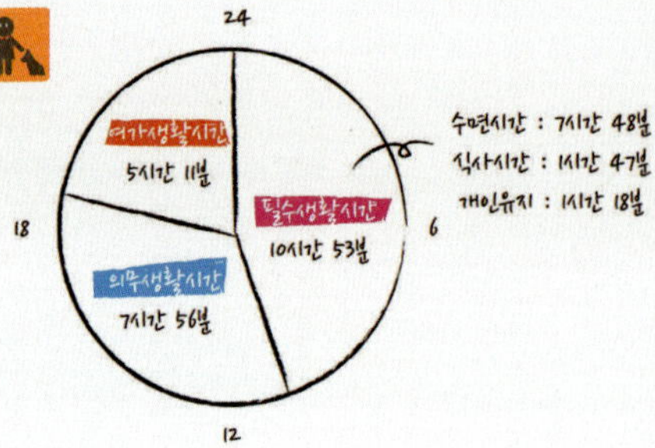

☐ 꽃보다 할배

홀로 노인

[라이프 스타일]
여가생활중시형

[주거성능]
편리성, 안전성(유니버셜디자인), 편리성

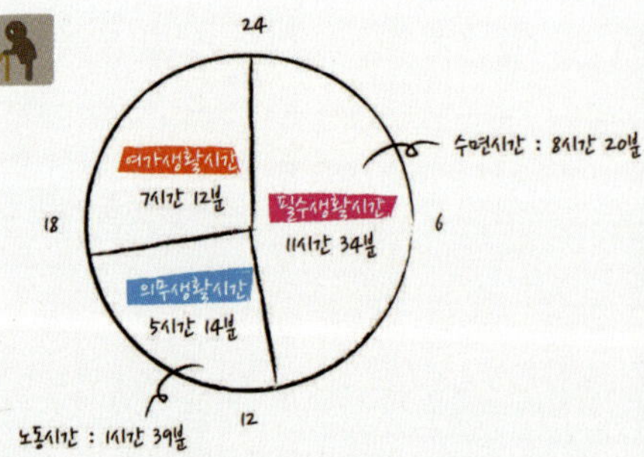

보편성을 기반으로 심플하고 실용적인 디자인을 추구하는 탱고하우스.
불필요한 장식을 제거해 간결한 느낌을 주는 디테일, 기성가구나 제품 매치를 고려한 스마트한 설계 치수 적용.
탱고하우스는 정밀 조준한 수요층에 맞춰 그들의 라이프 스타일을 디자인한다.

정방형 평면

동선을 최소화한 알뜰설계

14.23m²

장방형 평면_A

침실을 보다 넓게 쓰는 타입

16.83m²

장방형 평면_B

다목적 공간으로 융통성 있게!

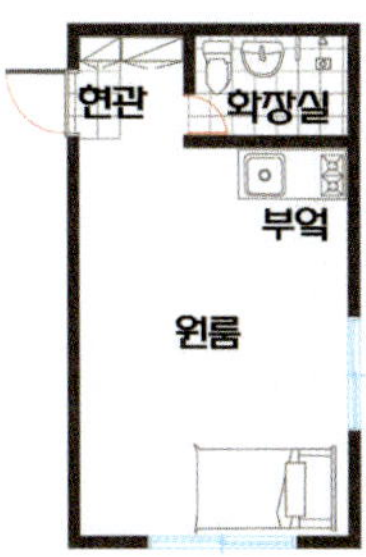

22.03m²

칼라컨셉_ 미니멀

Black and White

바닥: 화이트오크
벽: 크림칼라 무지벽지
포인트: 화이트 하이그로시 재질, 블랙 포인트 칼라

칼라컨셉_ 모던

B(dull)
R50(strong, deep, dark)

바닥: 월넛
벽: 크림칼라 무지벽지
포인트: 명도&색상대비 칼라매치, 스트라이프 패턴

칼라컨셉_ 로멘틱

Y50(pale, light, grayish, dull)
Y(strong, pale)

바닥: 화이트오크
벽: 아이보리 벽지+패턴 패브릭
포인트: 몰딩, 창대석 액세서리에 패턴

칼라컨셉_ 내추럴

GY(pale, bright, light)
G(pale), Y(pale)

바닥: 내추럴오크
벽: 아이보리 직조패턴 벽지
포인트: 목재 느낌 타일, 테이블 상판

탱고하우스,
수요층에 맞는
평면 고르기

2~3인 가구타입 평면 디자인

신혼부부

DINK족

[라이프 스타일]
개인생활중시형, 정서중시형,
트렌드중시형, 여가생활중시형

[주거성능]
안전성,
실용성(효율성),
독립성

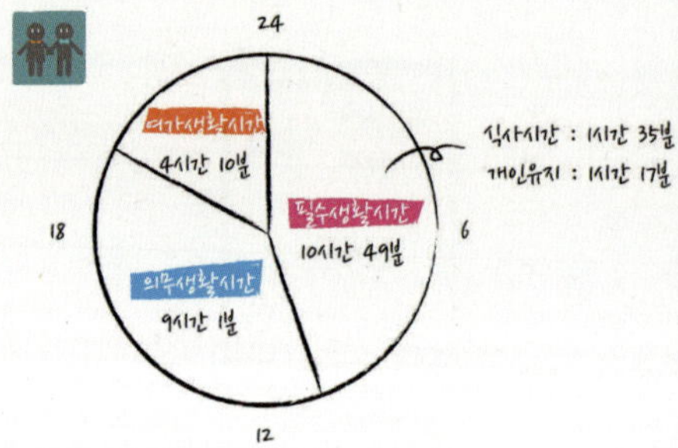

노부부

TONK족

[라이프 스타일]
트랜드중시형
여가생활중시형

[주거성능]
안전성(유니버셜디자인),
실용성(효율성),
편리성

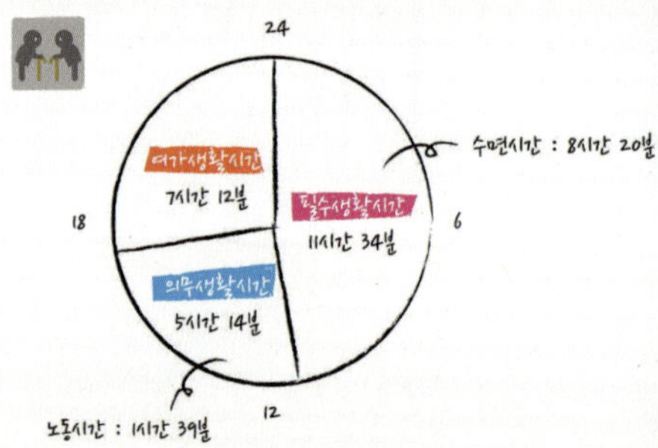

보편성을 기반으로 심플하고 실용적인 디자인을 추구하는 탱고하우스.
불필요한 장식을 제거해 간결한 느낌을 주는 디테일, 기성가구나 제품 매치를 고려한 스마트한 설계 치수 적용.
탱고하우스는 정밀 조준한 수요층에 맞춰 그들의 라이프 스타일을 디자인한다.

정방형 평면

기능성을 강조한
LDK구조

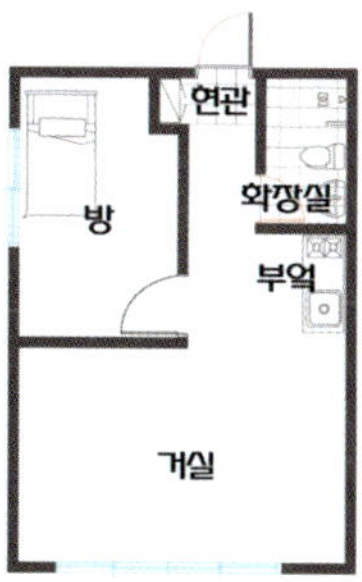

장방형 평면

서재나 드레스룸 등을 갖춘
분리형 구조

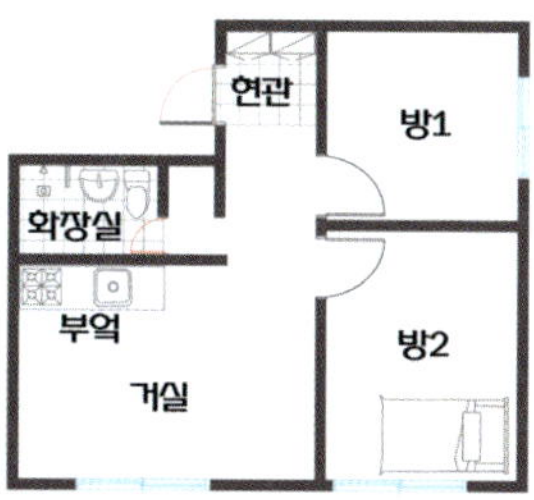

칼라컨셉_ 미니멀

Black and White

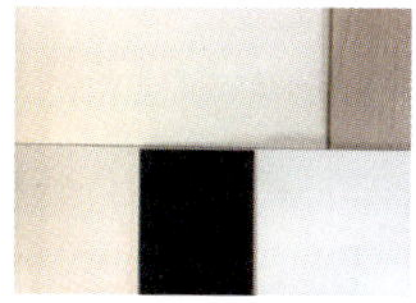

바닥: 화이트오크
벽: 크림칼라 무지벽지
포인트: 화이트 하이그로시 재질, 블랙 포인트 칼라

칼라컨셉_ 모던

B(dull)
R50(strong, deep, dark)

바닥: 월넛
벽: 크림칼라 무지벽지
포인트: 명도&색상대비 칼라매치, 스트라이프 패턴

칼라컨셉_ 로멘틱

Y50(pale, light, grayish, dull)
Y(strong, pale)

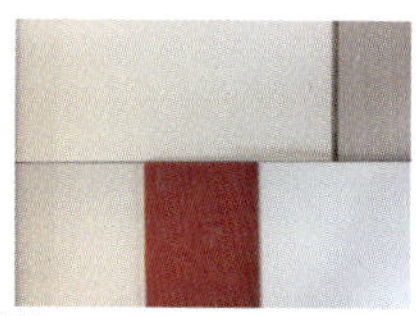

바닥: 화이트오크
벽: 아이보리 벽지+패턴 패브릭
포인트: 몰딩, 창대석 액세서리에 패턴

창호 선택

소형주택의 예산 중 많은 부분을 차지하는 아이템이 마감재와 창호공사비이다. 특히 창호는 단열, 채광 등 주택으로서의 성능에 가장 직접적인 영향을 끼치므로 충분히 검토하여 결정하도록 한다. 탱고하우스에 적용되는 창의 기본사양을 살펴보고 단계에 따라 선택해보자.

주출입구 자동문 시스템

자동문이 아닌 강화유리 여닫이문을 원하는 경우도 있지만, 보안을 위해 1층은 자동 슬라이딩 도어를 주로 사용한다. 건축공간이 협소하여 문 폭이 여유가 없을 때에는 외여닫이 강화도어에 잠금장치(일명 똑딱이)를 설치하기도 한다. 자동문 가격대는 150~180만원대로 두 제품의 가격 차이는 20~30만원 정도로 미미하다.[1]

1 (왼쪽) 자동 슬라이딩 도어
(오른쪽) 강화도어에
자동 잠금장치를 설치

계단실 외벽 창호

외부 입면 디자인에 상당한 영향을 미치는 계단실 외벽 창호이다. 가장 일반적으로 사용되는 노출 프레임 방식은 비용도 비교적 저렴하고 프레임에 포인트 칼라를 적용하면 보다 또렷한 인상을 낼 수 있다. 연면적 200평, 5층규모 건물에 대략 300만원대의 비용이 든다.

다음은 히든바, 일명 꼭지바 타입이라고 불리는 방식. 프레임이 유리 뒷면에 숨어 외부에 노출되는 면이 깔끔하고 단순하다. 외벽 마감재 자체에 패턴을 계획했거나 매스 자체를 강조하는 디자인일 경우 잘 어울린다. 노출바 타입보다 30만원 정도 추가된다.

마지막으로 모찌바 타입. 수직이나 수평 프레임 둘 중 하나만 강조하여 노출시키는 경우에 사용되는데 소규모 주거 건축에서는 그다지 권하는 디자인은 아니다. 비용은 50만원 정도 더 소요된다.

2 (왼쪽 위) 노출프레임 타입
(오른쪽 위) 히든바 타입
(왼쪽 아래) 모찌바 타입_수직프레임
(오른쪽 아래) 모찌바 타입_수평프레임

3 세대 현관문은 마감재의 색상과 조화롭게만 고른다면 기성품으로도 충분히 세련된 이미지 연출이 가능하다.

4 (왼쪽) CRC보드와 칼라도장으로 마감한 마이바움 방배
(오른쪽) 세대 현관문 옆에 감각적인 사인 디자인으로 디테일을 준 마이바움 풍납

세대 현관문

기성제품과 제작제품 2가지 타입의 세대 방화문(세대 현관문)중 취향에 따라 선택해보자.

기성제품에는 시기에 따라 유행하는 패턴이나 문양이 있는데, 임대세대인 것을 염두에 두고 쉽게 식상해질 수 있는 디자인은 배제하자. 심플할수록 더 고급스러워 보인다. 그리고 스탠다드 디자인의 경우, 시간이 한참 지난 뒤 교체가 필요할 경우 손쉽게 구할 수 있다.[3]

제작제품의 경우 이와는 다른 장점이 있다. 도어 주변부에 색다른 디자인 요소를 넣어줌으로써 시선을 끌어주면 복도의 기본 벽 마감을 조금 더 저가의 마감재로 정리해도 디자인상 균형이 맞는다.

마이바움 방배 현장에 적용된 타입을 예로 보자. CRC보드와 칼라도장으로 공사비용은 절감했지만, 감각적인 디자인으로 마무리된 좋은 사례이다.

마이바움 풍납의 세대현관문은 미니멀한 전체 분위기에 맞춰 심플한 디자인으로 적용되었다. 디테일이 전체를 만든다는 말이 있듯이 문 하나하나 사인 하나하나가 내부 이미지를 촘촘하게 만들어준다. 세대현관문은 기성재의 경우 디지털 도어락과 세트로 개당 30~70만원 정도에 구입할 수 있고, 제작문은 그보다 약간 저렴하다.[4]

내부 문

실내에 사용할 수 있는 문의 종류는 책에 소개되는 모델 외에도 무궁무진하다.

내부 도어를 선택할 때에는 소재를 살펴보자. 표면에 목재무늬나 칼라 시트지를 래핑한 방식의 목문이나 멤브레인 도어인지, ABS_{ACRYLONITRILE BUTADIENE STYRENE} 합성수지 도어인지 말이다.

일반 방문은 멤브레인 도어를 적용하되 욕실 문 만큼은 반드시 ABS도어를 사용하자. 일반문들은 목재의 표면을 가공처리한 것이므로 습기에 매우 취약하다. 욕실처럼 물기 있는 공간과 접하게 되면 금세 뒤틀림과 시트지 박리현상이 생기고 부패가 일어나 문으로서의 수명을 다하게 된다.[5] 예전에는 ABS도어 가격이 비쌌지만 요즘은 멤브레인 도어에 비해 약간 더 비싼 정도이다.

장소와 쓰임에 따라 알맞은 문의 종류를 선택했다면 이제 방의 인테리어 분위기에 맞추어 문 손잡이도 적용해 보자.[6]

5 멤브레인 도어(위)와 ABS 도어(아래)의 단면 차이

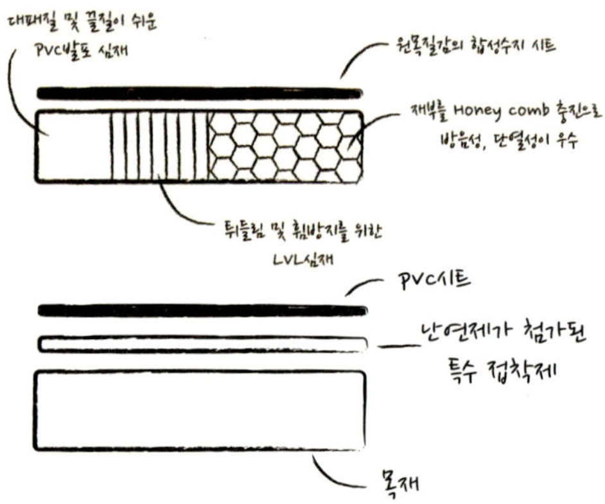

6 문 손잡이는 실내 인테리어의 분위기에 따라 선택한다 (출처: 유진금속)

세대 창문

준공된 마이바움을 보면 어딘가 약간 다른 느낌, 다른 건물보다는 깔끔한 인상을 느낄 수 있다.

왜 그럴까? 그 비밀 중 하나는 바로 창문에 있다. 주거시설의 경우 안전을 위해 내부 마감 바닥으로부터 높이 1.2미터까지는 난간을 설치하도록 법으로 명시되어 있다.[7] 우리나라의 아파트와 연립주택들은 이 법만을 최소한으로 지킨 난간을 설치한다. 그 결과 획일적인 모양의 난간대가 설치되고 이것이 입면 디자인을 망치는 주범이 된다.[8]

6 법에서는 거주자의 추락방지를 위해 바닥면으로부터 1.2미터까지 높이에는 의무적으로 난간을 설치하도록 하고 있다

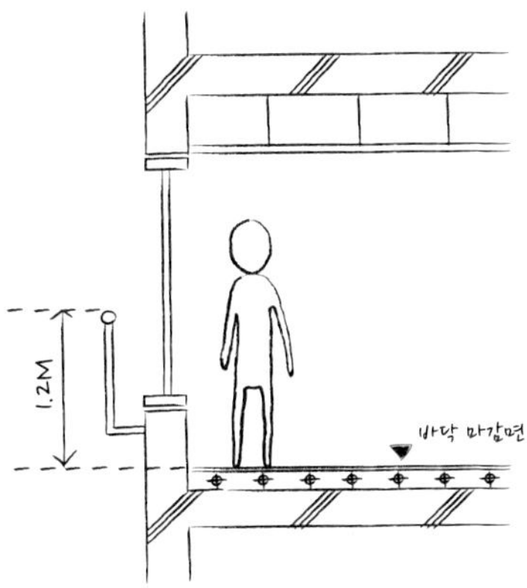

7 최소한의 법규충족만을 위해 디자인을 고려하지 않고 설치된 획일적인 난간

마이바움은 주로 1인, 2~3인의 소형 평수 평면을 계획하면서 채광 효과를 보다 끌어올리기 위해 큰 창을 적용한다. 창의 높이는 침대나 책상의 높이 정도(450~750㎜)로 하여 시야를 확보하고, 실내 바닥면으로부터 1.2미터까지의 창은 고정유리FIX GLASS로 특별 제작한다. 상부창은 복층유리 이중창으로 단열 성능을 충분히 고려한다.[8]

창은 프레임도 중요하지만 유리에 따라 성능이 좌우된다. 최근에는 주택의 단열성능기준이 강화되어 사실상 로이유리Low-E glass 사양으로 설계를 해야한다. 간단히 아래의 표를 보고 미리 공부해두자.[9]

8 난간높이까지를 고정창으로 디자인하여 깔끔한 외관과 단열성능을 고려한 마이바움 역삼

9 얼핏 보기엔 모두 비슷한 유리이지만 단열성능에따라 가격차이가 있다

구분종류		특징	단가
투명 복층유리	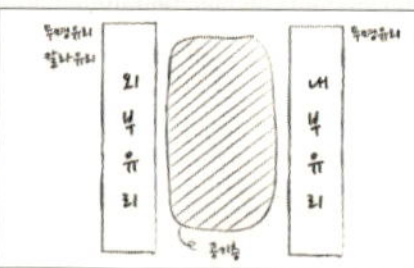	냉난방 부하가 크다 단열성은 취약 제품의 단가가 저렴하여 시공이 경제적이다	약 5만원/㎡ (SSG일면반 강화기준)
반사 복층유리	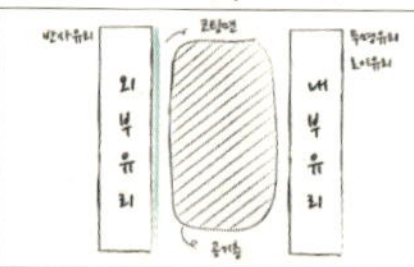	여름철 냉방부하 감소 이려한 외관 연출 가능 단열성능 취약 프라이버시 보호기능	약 8만원/㎡ (SSG일면반 강화기준)
로이 복층유리	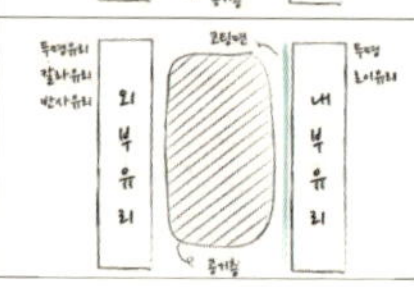	결로방지 우수 맑은시야 확보 우수한 단열성능 (냉난방부하감소)	약 8만원/㎡ (SSG일면반 강화기준)

가구 선택, MINI-MAX

작은 공간일수록 짜임새있게!
가구의 MINI-MAX 기법으로 요술 같은 공간이 만들어진다. 일단, 기본적으로 필수아이템부터 챙기자.[1]

현관의 신발장, 싱크대와 빌트인 냉장고장(또는 일반 냉장고장), 그리고 옷장. 여자 싱글족을 위한 신발장은 좀더 특별하다. 다양한 높이의 신발들을 위해 선반의 키도 함께 자란다. 자주 신는 신발은 문을 열지 않고 꺼낼 수 있도록 하부에는 오픈 선반을 구성하는 세심한 친절을 발휘한다.

싱크대에는 조리대와 빌트인 세탁기를 함께 구성하고, 냉장고 역시 빌트인으로 깔끔하게 처리하여 같은 공간이더라도 정돈되고 넓게 느껴지도록 한다. 인출식 식탁을 추가하면

1 기본가구 모듈은 신발장과 싱크대, 주방수납장, 붙박이옷장으로 이루어지며 한 세트의 비용은 약 200만원이다.

평상시에는 가구의 점유율을 최소로 할 수 있으니 고려해 볼 만한다.[2] 전체가구는 청결한 이미지의 화이트로 하고, 주방벽면이나 싱크대상판에 포인트 칼라를 적용하면 한층 개성있는 공간이 된다. 옷장의 경우, 한쪽 벽면을 풀퍼니처시스템FULL FURNITURE SYSTEM으로 짜넣어 수납기능과 공간 활용도 두마리 토끼를 잡았다.[3]

기본 시스템을 바탕으로, 자신에게 혹은 입주자에게 꼭 맞는 옵션 가구를 추가로 비치하자. 마이바움 퍼니처의 모든 가구는 모듈형으로 제작되므로, 추가로 구매하더라도 꼭 맞는 한 세트처럼 어색함이 없다.[4]

2 주방가구를 빌트인으로 처리하여 사용하지 않을 때에는 깔끔함을 유지한다

3 전체 가구를 화이트톤으로 통일하여 깔끔하면서도 넓어보이는 실내공간

4 기본 시스템을 바탕으로
옵션가구의 구성에
따라 다양한 공간을
연출할 수 있다

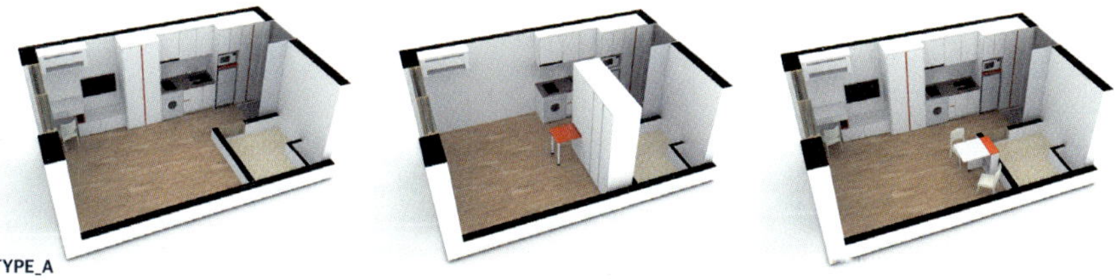

TYPE_A

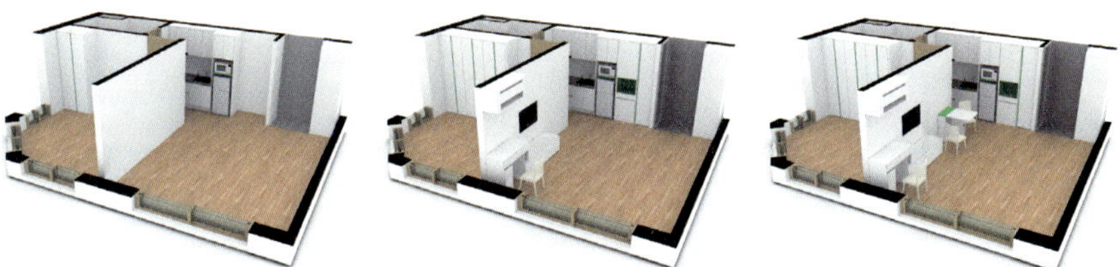

TYPE_B

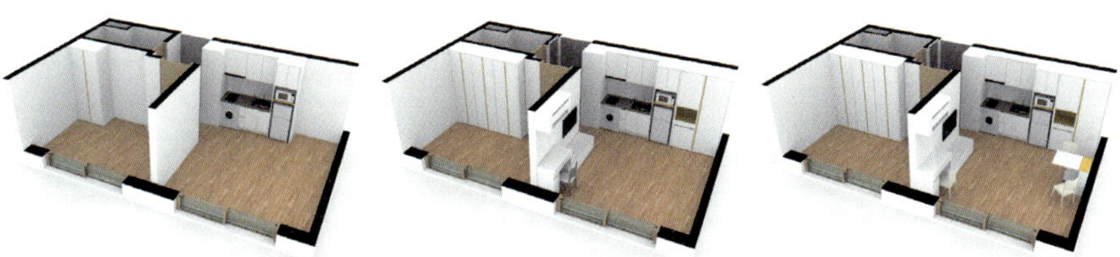

TYPE_C

가구를 좀 더 적극적으로 활용해보자

굳이 벽으로 공간을 나눠서 '거실1+방1'라고 광고하지 않더라도 수요자들은 가구분리형 원룸에 대한 선호도가 더 높다. 시각적 개방감은 물론 수납기능까지 더한 알짜배기 공간이기 때문이다.[5]

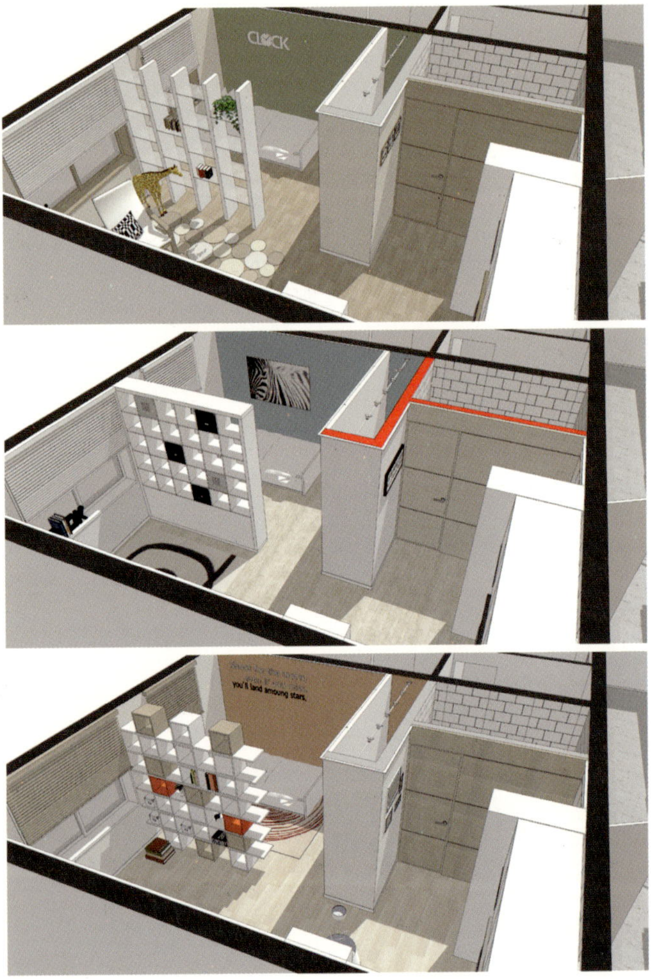

5 가구를 이용하여 실내공간을 적절히 분리하면 다양한 공간구성과 개방감을 동시에 얻을 수 있다. 디자인에 따라 고정식, 이동식 시스템으로 나누어지며, 해체와 신설이 용이하므로 리모델링시에도 유리하다.

다양한 디자인의 파티션 가구가 준비되어 있으며, 이는 모듈형으로 제작된 것이므로 신설, 해체도 쉽고 다른 가구나 벽체하고의 간격에서도 합리적이다. 마이바움 역삼에는 두번째 타입의 파티션가구를 변형 적용하였다.[6]

그 외 작은 소품 하나하나에도 기능과 미를 함께 고민한다면 더없이 완성도 높은 공간이 될 것이다. 가구는 그만큼 효과적인 공간 마술사이다.[7]

6 (위) 왼쪽 가운데 이미지를 실제 적용한 마이바움 역삼

7 (아래) 소흘하기 쉬운 단순한 테이블 하나라도 수납에 신경을 쓰면 공간은 그만큼 넓어진다

제품 선택

가전제품

임대세대의 적용되는 기본사양 가전제품을 보자. 다음은 맞춤형 가구에 빌트인으로 설치되는 냉장고, 쿡탑, 드럼세탁기와 벽걸이 에어컨 모델이다.[1]

생활의 편리와 쾌적함을 만들어주는 필수 제품만을 설치하고, 다른 가전(TV나 전자레인지)은 입주자 취향에 따라 구매, 혹은 렌트하도록 하여 초기 부담을 늘리지 않도록 한다. 독신가구의 경우는 요리 빈도가 낮으므로 안전한 전기쿡탑으로, 2~3인 가족 세대를 타겟으로 할 경우, 가스쿡탑을 설치하여 수요자 니즈를 충족한다. 가스쿡탑을 설치하기 위해서는 도시가스설비 공사가 뒤따른다.

벽걸이 에어컨은 여름에만 사용하는 한시적 계절 가전이므로 갤러리장을 제작해 겨울철에는 눈에 띄지 않게 하면 좋다. 천정형 시스템 에어컨은 미관상 깔끔하지만, 설치하기 위한 천정공간을 그만큼 차지하므로 천정고가 낮아지거나 층수가 줄어들게 되는 단점이 있으니 단순히 가격비교로 선택할 사안은 아니다. 참고로 시스템 에어컨의 가격은 벽걸이 에어컨의 약 2.5배이다.

소형가구의 증가추세에 따라 요즘은 1~2인 가구를 위한 아이디어 가전 제품도 많이 출시되고 있으니 이번 기회에 더 찾아보면 세입자에게 맞춤형 서비스를 제공하는데에 도움이 될 것이다.

1 임대세대에 기본적으로 적용되는 가전제품들의 이미지 (제공: LG전자, 린나이)

	이미지
냉장고/ 세탁기	
전기쿡탑/ 가스쿡탑	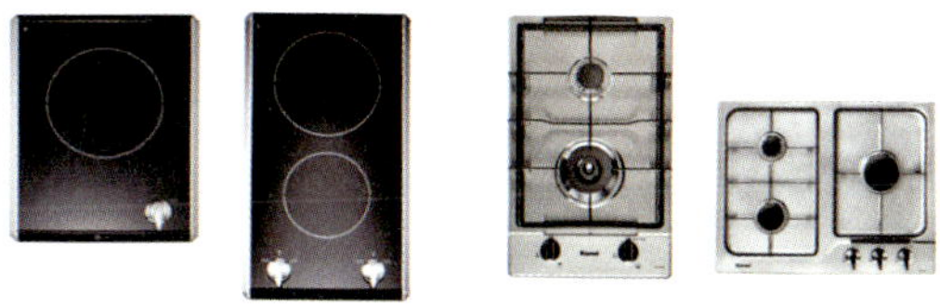
에어컨 (벽걸이/ 천정형)	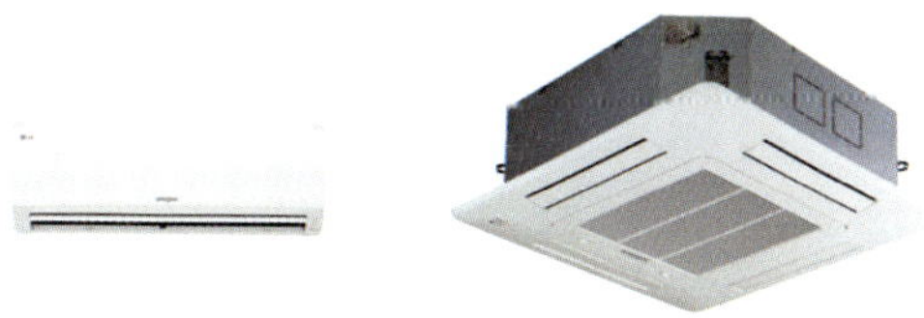

2 1~2인 가구를 위한 맞춤형 소형가전 (제공: 삼성전자, 동부대우전자, 쿠쿠)

	이미지
소형가전	

욕실제품도 맞춤형 시대

양변기와 세면대, 샤워기를 기본 유니트로 기성 브랜드 세트 중 선택할 수 있다. 욕실은 가장 위생적이고 청결함이 요구되는 공간이므로 무조건 가격이 저렴한 제품보다는 품질이 보장되는 제품들 중에서 선택하는 것이 이후 관리면에서도 유리하다.

디자인에 굴곡이 많을수록 물때가 끼고 오염되기 쉬우므로 되도록이면 단순한 형태를 고르자. 바닥까지 내려오는 긴 다리형 보다는 아래가 트여있고 벽체에 고정시키는 반다리 타입이 청소가 쉽다.[3]

용도에 따라 세면대의 용량도 고려하는것이 좋은데 세수를 하거나 머리를 감는 일이 많은 주거용은 7리터 정도, 손만 간단히 씻는 상가용은 5리터 이하면 적당하다.

특별히 욕실 공간에 힘을 싣는 디자인 컨셉이 아니라면 욕실의 안치수는 1.7m×2.2m 정도로 컴팩트하게 설계하는것이 좋다. 그만큼 방의 면적을 확보할수 있기 때문에 거주성은 물론 상품성도 올라갈 것이다. 여기에 위생기구를 코너형 양변기로 설치하게 되면, 1.7m×1.6m 까지도 축소가 가능하다.

위생기구 역시 최근 소형가구 증가추세에 따라 공간 절약형 모델들이 인기를 끌면서 코너형 양변기, 세면기 일체형 양변기 등 아이디어 상품들이 시장에 나오고 있으니 눈여겨보자.[4]

최근 욕실 공간에 대한 인식은 단순한 생리욕구의 해결, 위생 공간의 개념에서 휴식의 개념으로 변화하고 있다. 일체형 디자인의 기능성을 넘어 감성적 기능을 더해 하루의 피로를 씻어주

3 위생도기는 단순히 디자인만 보고 선택하기보다는 세면대와 양변기의 조화, 관리의 용이성 등을 종합적으로 판단하는것이 좋다 (제공: 왼쪽-계림, 오른쪽-대림바스)

는 공간으로서의 욕실을 계획해 보자. 주인세대가 거주할 최상층에는 특화된 욕실 디자인을 적용하는것도 좋은 방법이다. 이미 노하우를 가진 브랜드의 모듈형 제품이 여럿 출시되어 있으므로 평면계획 단계에서 이를 함께 고려하면 최적의 공간을 얻을 수 있다.

4 공간을 절약할 수 있는 코너형 양변기, 일체형 세면기 (제공: 이누스)

5 세면기와 샤워기도 다양한 기능과 세련된 디자인을 갖춘 제품들이 많다 (제공: 세비앙)

6 모듈형 제품을 사용하면 세련되고 넓은 욕실공간계획이 가능하다 (제공: 로얄컴바스)

조명기기

지속적인 관리가 필요한 임대 주거시설임을 고려하면 조명기구를 선택할때에도 내구성을 따져보자. 심플한 디자인의 일반 형광등 타입 기본세트이다.[7]

장소에 따라 현관에는 센서등을 설치하고, 욕실에는 방습등을 설치한다. 모든 조명 사양은 LED로 업그레이드 할 수 있으며, 월세상품일 경우 유지비를 절감할 수 있다.

가장 효과적인 인테리어 아이템 중 하나인 조명을 조금더 적극적으로 이용해보자. 빈티지한 스타일의 빅펜던트 조명이나 유머러스한 알전구 소품으로 공간이 한층 감각적으로 변모한다.

7 심플한 디자인에 유지 관리가 쉬운 기본형 조명기구 (제공: 조명나라)

8 감각적인 디자인의 조명기구는 가장 효과적인 실내 인테리어 아이템이다 (제공: 조명나라)

공용부 스타일, 정서의 변화를 읽자

편리함을 목적으로 한 소형 주거상품은 흔하지만, 낯선 개인들의 어울려 살기에 세심한 배려를 하는 집은 드물다. 입주자의 거주성을 높여준다면 이는 재계약률로 이어질 뿐 아니라 구성원 서로간의 유대감 형성에도 긍정적인 영향을 미치게 된다.

세평 정도의 작은 공간에서 커뮤니티 활성화 방안을 모색해보자. 이 커뮤니티 큐브가 1층에 위치하면 '웰컴존'이라는 이름의 로비가 되고, 중간층에 삽입되면 '헬스존'이나 '서비스존'의 별명을 붙여 입주자 건강을 위한 운동시설이나 빨래건조대, 다림질 등이 가능한 유틸리티 공간이 되는 것이다. 옥상에 위치할 경우에는 텃밭을 가꾸는 '도시농장'이 되거나 날 좋은 여름밤의 유쾌한 '파티장'이 될 것이다.

웰컴존으로 적용된 탱고하우스 1층 로비를 살펴보자. 컨설팅을 통해 결정한 수요타겟에 맞춰 인테리어 스타일을 선택할 수 있다. 임대주택의 경우, 나의 디자인 취향보다는 철저하게 수요자의 성향을 분석하는 것이 사업의 성공률을 높이는 방법이다.

1 공동체 생활 행복지수 세계최저. 도시에서 혼자 잘 사는 방법에 대한 고민이 필요한 시점이다 (출처: 2012.04 유엔, [세계행복보고서], 156개국 조사)

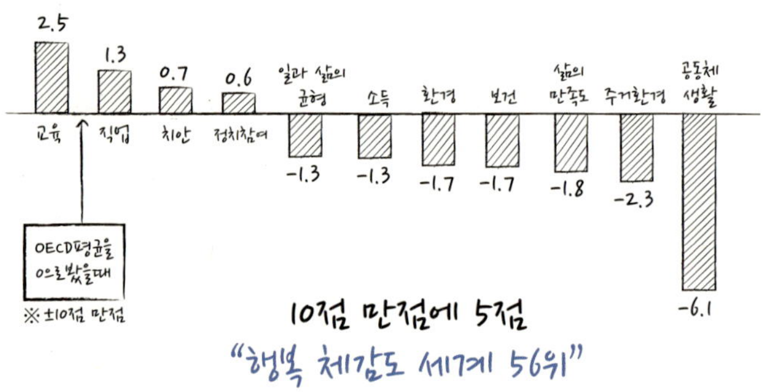

● 미니멀 스타일 MINIMAL STYLE

패턴과 장식을 최소화한 타일 마감 바닥과 벽면 디자인은 천정의 라인조명과 더불어 심플하고 세련된 인상을 준다. 엘리베이터 전면과 아트월 부분에는 간접조명을 계획하여 고급스럽고 은은한 분위를 연출한다. 아트월과 동일 마감재를 바닥 일부에 적용함으로써 공간이 넓어 보이면서도 복도공간 등과는 분리된 독립적 영역성을 확보할수있도록 하였다.

마감재 MATERIAL

바닥-지정타일/ 벽-지정타일, 지정도장/

천정-석고보드위 비닐페인트/ 조명-라인조명+간접조명

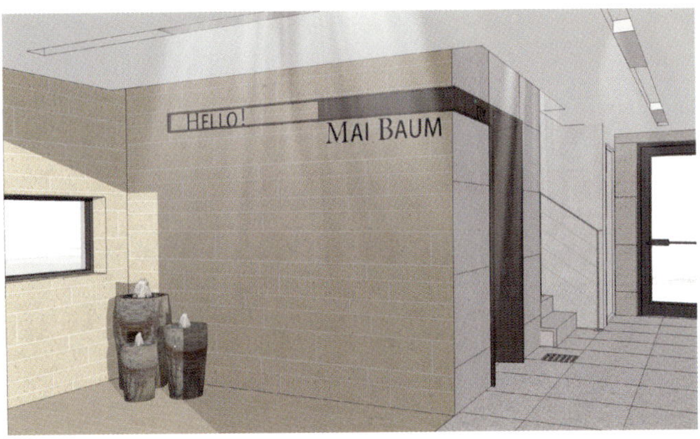

● 내추럴 스타일 NATURAL STYLE

'도시속 사색의 숲'을 표방하는 마이바움 로비 디자인. 목재루버를 벽면과 천정에 패턴적용함으로써 시선을 위로 이동, 공간이 넓게 느껴지도록 의도하였고, 루버 사이에 라인조명을 넣어 마감부가 노출되지 않는 심플하고 차분한 공간을 계획. 취향에 따라 마이바움 상징인 자작나무모형을 한쪽에 배치하면 보다 아기자기하고 따뜻한 공간이 연출된다.

마감재 MATERIAL

바닥-지정석재/ 벽-지정타일, CRC보드, 우드루버/

천정-노출+우드루버/ 조명-직부등

● 빈티지 스타일 VINTAGE STYLE

1,2인 가구의 다수를 차지하는 젊은 세대를 겨냥한 트랜디한 디자인. 유럽의 까페가 연상되는 독특한 패턴의 바닥과 엔틱 벽돌은 스포트라이트 조명과 함께 친근하고 온기가 있는 공간을 형성한다. 벽에는 입주자들의 기호에 따라 다양한 사진, 그림등의 전시가 가능하다. 기존의 획일적인 도시형 생활주택과 확연히 차별화되는 상품으로 접근한 케이스.

마감재 MATERIAL

바닥-지정타일/ 벽-지정타일, 앤틱벽돌타일/

천정-석고보드위 비닐페인트/ 조명-원형 매립등+할로겐

건물의 첫인상을 결정하는 것이 외부 입면이라면, 거주자 혹은 방문객에게 진정한 호감을 불러일으키는 첫 공간은 바로 1층 로비이다. 용적률에 여유가 없거나 출입구 주변에 웰컴존과 같이 일정한 면적을 확보하기 어려울 경우, 작은 공간이라도 인테리어 마감재에 변화를 주어 디자인해보자.[2]

2 출입구 공간에 여유가 없는 경우에도 다양한 마감재 시뮬레이션을 통해 최적의 분위기를 찾아낼 수 있다

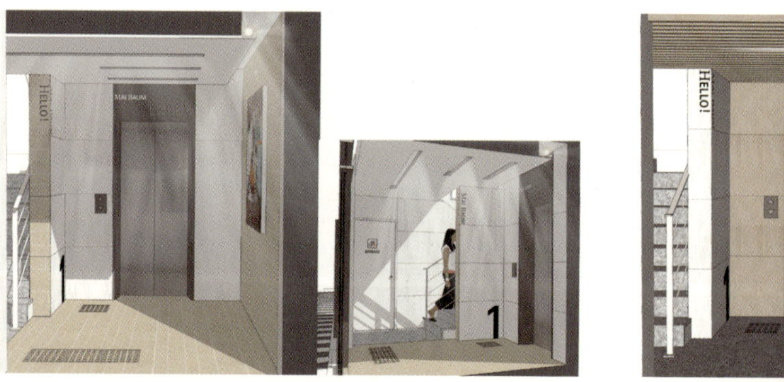

시각적 요소와 함께 청각 또한 건물의 인상을 결정하는 중요한 요소가 될 수 있다. 1층 자동문 안쪽 천정에 작은 센서를 매입하면 현관 자동문을 열고 로비로 들어서는 순간부터 엘리베이터를 기다리는 짧은 시간, 입주자를 반기는 음악이 흐르도록 할 수 있다.[3]

3 1층 자동문 안쪽 천정에 매입, 센서로 작동하며 음악재생시간은 엘리베이터를 기다리는 약 2분. 전면의 2D카트슬롯을 사용해 카드교체를 함으로써 주기적으로 음악을 변경할 수 있다 (제공: 토일랜드)

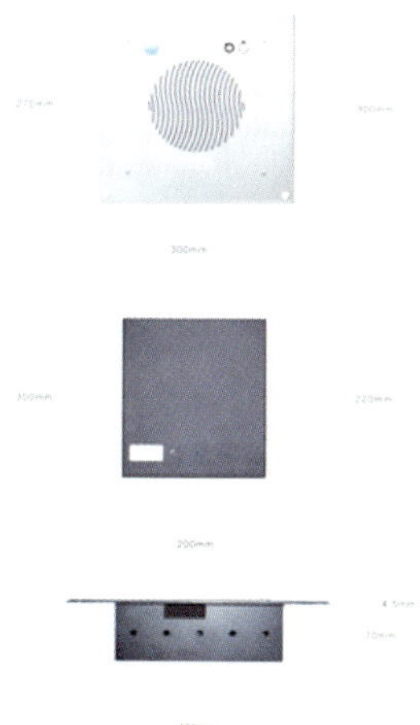

탱고하우스 엘리베이터는 기계실 없는 타입의 H사 제품을 기본사양으로 제안하는데 11인승 기준 금액은 약 4천만원 안팎이다. 엘리베이터 카 내부 인테리어 사양부터 각층 홀의 사인까지 일체형 디자인으로 계획한다.[4]

공용부 디자인을 함에 있어 가장 명심해야 할 부분은 바로 디자인의 강약 조절이다. 엘리베이터가 설치되면 사용 빈도가 낮아질 것이 뻔한 기준층(2층 이상) 계단실 벽에 타일 붙이기를 과감히 포기하고, 늘 바라보게 될 엘리베이터 홀의 마감재를 고급화시키자. 같은 비용, 혹은 더 경제적인 예산 내에서 감각적인 결과를 얻을 수 있을 것이다.

4 엘레베이터 내부의 인테리어도 로비와 공용부의 분위기와 통일성있게 계획한다

공용부의 인테리어를 계획할 때에는 조명 계획도 함께 살피자.

복도나 계단실 조명은 절전을 위해 센서등으로 계획하는 것이 일반적이다. 하지만 1층만은 시간조절용 조명을 설치하면 어떨까? 늦은 시간 귀가할 때, 어두컴컴한 1층에 들어서는 일은 왠지 약간은 서글프고 간혹 무섭기까지 하다. 해질녘부터 새벽시간까지는 켜져있고 날이 밝으면 자동으로 꺼지도록 하는 타이머 스위치를 계획하자. 이런 작은 마음씀씀이는 집에 대한 정으로 오롯이 쌓이게 될 것이다. 임대를 목적으로 한 건물의 경우, 조명사양을 LED로 적용하면 유지 관리면에서 월등히 도움이 된다. LED 조명은 형광등에 비해 제품가격은 3~4배 높지만, 효율이 10배, 전기요금이 0.5배, 수명은 3배 정도 우수하니 초기 예산 계획시 반드시 고려하자.

기준층 복도나 홀의 한쪽 벽에는 심플하면서도 시각적으로 포인트가 될만한 조명을 한가지 정도 추가해보자. 조명 하나만으로도 내부 분위기는 훨씬 부드러워진다.

종류	이미지
복도, 계단실 조명	 
포인트 조명 (벽부등)	  

마지막으로 시공상의 디테일까지 꼼꼼히 챙기면 미관상의 결과는 물론 건물의 내구성까지도 향상시킬 수 있다.

눈에 잘 띄지는 않지만 각각 다른 재료가 만나게 되는 부분에는 재료분리대를 사용하고,[5] 벽의 바깥쪽 모서리에는 코너비드를 설치하면 더욱 견고한 시공성을 얻을 수 있다.[6]

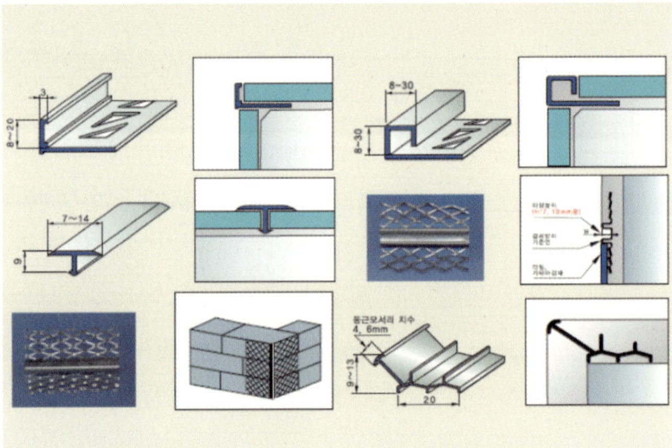

5 서로 다른 재료가 만나는 부분이나 모서리에 사용하는 각종 비드들 (제공: 미성비드)

6 (왼쪽) 미장용 코너비드- 벽의 외모서리에 설치, 깨지기 쉬운 면을 보호하고 수직도를 잡아줘 보기좋은 벽을 만들어준다
(오른쪽) 타일용 코너비드- 타일과 도장이 만나는 외모서리. 두께가 다른 마감재가 만나는 보기싫은 면이 보이지 않는다

더블 시큐리티 시스템

여성의 안심귀가 도우미가 생길 만큼 흉흉한 세상이다. 동거인이 없는 독신세대의 경우 안전에 한층 더 써서 집을 고른다. 이러한 점을 고려하여 탱고하우스에서는 더블 시큐리티 시스템을 마련했다.

제일 먼저 CCTV와 인터폰, 비디오폰을 선택한다.

CCTV의 기본 구성품은 다음과 같다. 실외에는 주차장과 주현관 자동문 바깥쪽에 적외선 감지 카메라를 설치한다. 대부분 실외등은 절전시스템으로 센서등이 작동되므로 야간 어두운 환경에 대비, 적외선 카메라를 설치하면 기능상 적합하다. 2층부터 5층, 옥상층까지 각층 계단실 홀에 한대씩 5대의 카메라와 엘리베이터 내부 카메라 1대를 설치하면 빈틈없는 관리가 가능하다. 엘리베이터 내부에 CCTV를 설치할 경우 전기배선이 까다로우므로 전문업자에게 시공을 받아야 한다.[1]

1 (왼쪽) 적외선 카메라, 돔 카메라_ 코콤제품
(오른쪽) 모니터와 녹화용 VCR_ 코멕스 제품

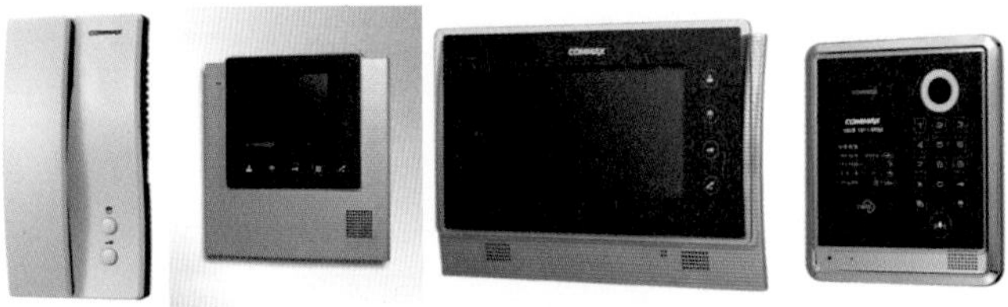

2 (왼쪽부터) 세대 인터폰, 3.5인치 비디오폰, 7인치 비디오폰, 로비폰 (제공: 코멕스)

3 1층에 편의점이 입점해 있는 마이바움 제기

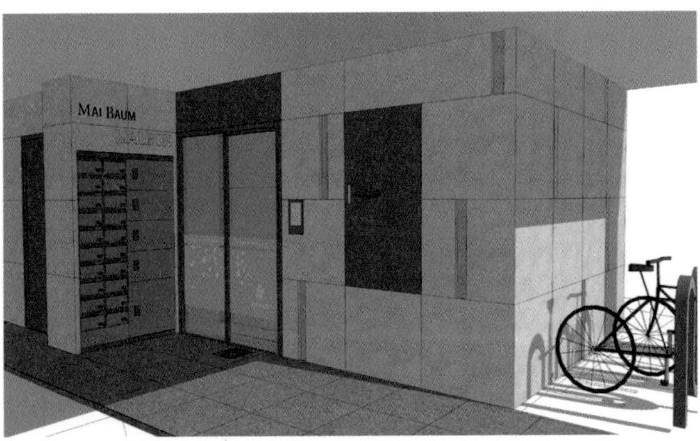

4 마이바움 메일박스

CCTV의 VCR은 8채널, 16채널씩 생산되므로 5층 규모라면 8대로 경제적인 안전 시스템을 구축할 수 있다. 모니터는 16분할 화면을 구비해 향후 추가 설치될 상황에 대비하자.

자동문과 세대 인터폰을 기본 사양으로 제안하며, 특별히 여성 전용 하우스일 경우 비디오폰으로 사양 업그레이드를 권한다. 주인세대의 경우 보다 큰 화면의 7인치 비디오폰을 선택한다. 현관 자동문에는 공통비밀번호를 적용하여 불필요한 외부인의 출입을 사전에 차단하고 건물 안전을 유지한다.[2]

경비실이나 관리실이 없는 경우가 대다수인 기존 소형 임대주택과 달리 탱고하우스는 대부분 1층에 수익형 상가를 입점시키므로 이중 시큐리티 시스템이라 할 수 있다. 왼쪽 마이바움제기의 경우, 24시간 편의점이 택배를 대신 받아주는 생활 서비스외에 늦은 시간 귀가길에도 안심할 수 있는 경비원 역할을 해주기 때문이다.[3]

만약 상가가 없는 경우에는 무인택배보관함을 설치해 외부인이 함부로 건물내로 들어오지 못하도록 사전에 차단한다. 편의와 보안을 함께 고려한 메일 박스 디자인은 150만원이면 적용할 수 있는 시스템이다.[4]

임대주택 1층이나 중간층에 커뮤니티 공간이 활성화되어 있으면 이로 인한 휴먼 시큐리티가 또 한번 생성되는 셈이니 어찌보면 탱고하우스는 아파트보다 더 안심되는 집이 아닐까?

탱고하우스, 창호 고르기

창문틀 및 유리가 포함된 비용으로서, 어느 메이커를 선택하느냐에 따라 비용차이가 1.5배 이상 발생한다. 창호공사비 역시 연면적 200평 규모의 건물로 가정한 비용이다. 기본 적용된 유리의 사양은 투명복층유리이므로 반사유리나 로이유리로 교체시 비용이 상승된다. 창호는 건물의 성능과 직결되는 요소이므로 신중히 결정하자.

항목	구성	가격	적용여부
비메이커 제품	현관 자동문+주거세대 하이샤시+ 상가 및 주계단실 알미늄 창호+ 16㎜ 복층유리	약 1억원/식	
메이커 하이샤시	현관 자동문+주거세대 하이샤시+ 상가 및 주계단실 알미늄 창호+ 16㎜ 복층유리	약 1억4천만원/ 식	
메이커 시스템 창호	주거세대에 시스템 창호 적용		
창호예산			

탱고하우스,
가구 고르기

작은 공간일수록 가구의 효율성에 신경을 써야한다. 기본 가구 모듈에 인출식 식탁이나 인출식 빨래 건조대 등의 아이디어를 추가하면 평상시 공간을 좀더 넓게 쓸수있다. 아래 리스트를 참고로 각 세대의 사양을 설정해보자.

항목	구성	가격	적용여부
기본 가구모듈	신발장+싱크대+주방수납장+붙박이 옷장 /화이트 UV 하이그로시	200만원/세트	
마감재 업그레이드	우레탄 도장	+30만원/세트	
인출식 식탁	기본마감재/ 대리석 상판	+20만원/개	
빌트인 냉장고장	기본마감재	+20만원/개	
인출식 빨래건조대		+12만원/개	
에어컨 수납장	1000 × 700 × 400	32만원/개	
책장	700 × 700 × 400	12만원/개	
책상	700 × 730 × 600	18만원/개	
책상서랍장	400 × 500 × 400	8만원/개	
의자	패브릭	5만원~10만원/개	
선택 합계/ 세트			
세대수			
가구비용 예산 합계			

탱고하우스, 가전제품 고르기

제품에 따라 운반비, 설치비 등이 별도로 추가될 수 있으니 사전에 업체를 통해 반드시 확인을 해야한다. 예를 들어 전기쿡탑 대신 가스쿡탑을 선택할 경우 제품가는 별차이가 없지만 도시가스공사비가 추가된다.

항목	구성	가격	적용여부
기본 가전세트	소형 냉장고+빌트인드럼세탁기+ 소형벽걸이에어컨+ 전기쿡탑 또는 가스쿡탑	140만원 /세트	
빌트인냉장고		+45만원/개	
전자레인지		10만원/개	
TV	40인치 FHD TV	120만원/개	
가전비용 예산			

탱고하우스, 욕실 꾸며보기

화장실, 욕실 제품 세트에는 위생도기, 휴지걸이, 수건걸이 등의 액세서리세트, 수전이 포함된 금액이다. 제품 설치의 난이도에 따라 별도의 비용이 추가될 수도 있다.

항목	구성	가격	적용여부
상업시설 화장실세트	양변기+소변기+세면대+수채	60~70만원 /식	
주거시설 욕실기본세트1	양변기+세면대+액세서리세트+ 욕실수납상+거울+SMC돔천정+ 샤워파티션	90~100만원 /식	
주거시설 욕실기본세트2	제품 업그레이드 + 샤워부스	120~140만원 /식	
일체형 샤워세트		40~100만원 /개	
비데		30~50만원/개	
욕조		30~50만원/개	
세대수			
욕실세트 예산			

탱고하우스, 조명기기 고르기

공용부 조명 세트 금액을 가늠키 위해 앞서의 기준, 연면적 200평 규모를 적용하여 산출하였다. 각 건물마다 약간의 금액 변동이 발생할 것이다. 내부 조명은 주거단위로 예상할 수 있으며, 액세서리 조명의 경우 취급점마다 가격차이가 많이 나므로 인터넷 정보에만 의존하지 말고 조명가게가 밀집해 있는 을지로나 논현동으로 답사를 나가보는 것도 좋은 방법의 하나이다.

항목	구성	가격	적용여부
공용부	외부직부등+복도매입센서등+ 테라스벽부방습등+ 보일러실,창고 형광등	약 4백만원 /식	
주거시설	현관센서등+주방등+거실등+ 욕실방습등	15만원 /세대	
	방등	3~10만원 /개	
세대수			
조명기기 예산			

탱고하우스,
로비 꾸며보기

로비의 경우, 면적을 어느정도 산정하느냐에 따라 금액 변동이 크므로 책에 소개한 3가지 스타일의 평당 단가를 역산출하였다. 바닥, 벽체, 천정 마감과 특화 디자인까지 적용한 금액으로서 이를 계획에 참고하여 건축비 예산을 잡아보자.

항목	구성	가격	적용여부
로비	미니멀 스타일	80만원/평	
	내추럴 스타일	170만원/평	
	빈티지 스타일	60만원/평	
엘리베이터	8~13인승, 기계실 없는 타입	4~5천만원/개	
센서뮤직 시스템	음악 저작권은 별도 구매	5만원/세트	
로비 면적			
로비특화 예산			

탱고하우스, 방범설비 고르기

자동문과 세대 인터폰을 기본 사양 적용하는것이 좋으며, 특별히 여성 전용 하우스일 경우 비디오폰으로 사양 업그레이드를 권한다. 현관 자동문에는 공통비밀번호를 적용하여 불필요한 외부인의 출입을 사전에 차단하고 건물 안전을 유지한다. CCTV와 각 세대 보안시스템에 소요될 비용을 미리 예산에 넣자. 세대 보안장치는 15세대 기준으로 산정한 비용이다.

항목	구성	가격	적용여부
CCTV시스템	옥외 적외선 카메라2대+ 각 층별1대씩 총5대+ 엘리베이터내부 1대+기타 시스템 장비	약 200만원 /세트	
세대보안장치1	1층 로비폰 +임대세대 인터폰+ 주인세대 비디오폰	약 200만원 /세트	
세대보안장치2	1층 로비폰 +전세대 비디오폰	약 400만원 /세트	
시큐리티시스템 예산			

집을 짓는데에는 토목, 조경을 포함한 건축공사비 외에도 전기,설비,가스 공사비가 소요되며 각종 세금등의 간접비용도 발생한다. 탱고하우스에서는 디자인과 건물가치에 직접적으로 영향을 미치는 항목들을 선별해 건축주가 예산을 가늠하기 쉽도록 가이드북을 구성한 것이다. 자신의 집을 디자인하는 것은 곧 자기자신의 삶을 디자인하는 일 일것이다.

나의 탱고하우스 디자인 예산 ______________________________ **원**

III.

탱고하우스 실전사례

마이바움 역삼은
튀는 디자인보다는 온기가 느껴지는 차분한 집,

세월과 함께 나이들어
오래 두고 보아도 질리지 않을 디자인으로
완성되었다.

마이바움 역삼 생생 스토리

가까이 보이는 테헤란로의 마천루들이 마치 합성한 배경처럼 느껴질 만큼 한적한 동네이다. 지난 7월, 이곳을 오랫동안 지켜온 이층 양옥집[1]을 대신하여 탱고하우스가 스며들듯 자연스럽게 동네의 풍경이 되었다. 재즈 밴드 멤버이기도 한 40대의 음대교수 K씨는 임대를 통해 안정적인 수익을 얻으면서도 그만의 감수성이 묻어나는 자신의 집 1호를 완공했다.

높이사선제한으로부터 자유로운 지하공간에는 높은 천정고가 요구되는 음악 연습실을 배치하여 소음으로부터 완벽히 차단된 전용 스튜디오를, 지상층에는 다양한 평면의 소형주거 상품으로 기획하여 1~2인 세대를 공략하였다. 스튜디오는 건축주 개인의 연습실이기도 하지만, 시간 예약제를 통해 주변 뮤지션들과 감성을 공유하는 공간이 될 것이라 기대한다. 법적 규제가 만들어내는 볼륨을 단순하게 받아들이는 반면 차별성 있는 컨텐츠로 신선함을 주었다.

교통과 문화시설이 집중된 만큼 수요는 많을 듯 보이지만, 사실 강남지역에도 임대 부동산의 공실률은 큰 문제이다. 시설이나 서비스, 편의에 대한 입주자의 기대치가 타 지역보다 월등히 높으므로 준비가 제대로 되어있지 않다면 이는 바로 최악의 상황으로 연결된다.

건물의 완공과 동시에 임대가 된 역삼동 마이바움, 탱고하우스의 성공 스토리를 통해 건축주 맞춤형, 입주자 맞춤형 디자인을 꼼꼼히 살펴보자.

1 그집이 있던 풍경, 2012년 늦은 여름

STEP _1

2 기존 이층 양옥주택을 철거하고 땅을 정리하는 모습. 주변은 비슷한 규모의 집들로 건물 사이의 간격이 빡빡하기때문에 주변 건물에 피해를 최소화할수 있는 노하우가 필요하다

STEP _2

3 지내력 검사를 하고
지하층 공사를 위한
기초작업을 진행한다

STEP _3

4 음악연습실을
위한 지하공간부터
공사는 시작된다

STEP _4

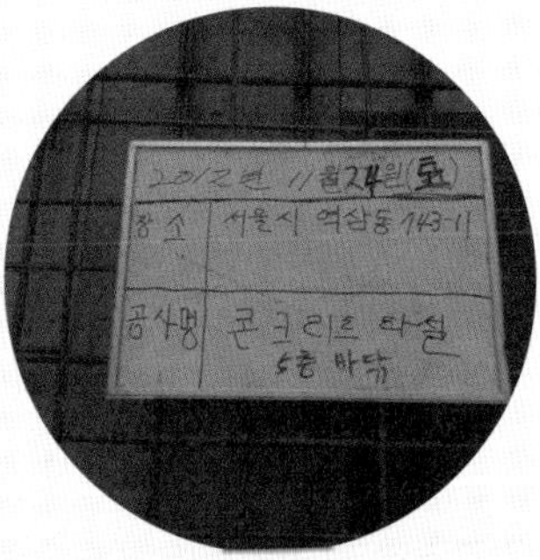

5 골조, 콘크리트 구조체 타설장면

STEP _5

6 조적공사, 미장공사단계
세대내부에는 욕실벽은
조적으로, 거실과 침실의
칸막이벽은 건식벽으로 하여
향후 리모델링에 용이한
구조가 되도록 계획하였다

STEP _6

7 내부의 마감공사와 함께 외벽 마감공사도 함께 진행된다 왼쪽 위 모델링은 외부 마감재를 정하기 전, 시뮬레이션을 통해 당 프로젝트의 컨셉에 부합하는 디자인을 협의하는 과정

STEP _7

8 천장 등 내부 마감공사 장면

STEP _8

9 외부마감공사
(배수로, 주차장 바닥
및 천장, 출입문 등)

건축주는 다수의 마이바움 준공 현장을 보고 마음에 들어 수목건축을 찾았으나 정작 자신의 건물은 기존 프로젝트와는 다르기를 원했다. 석재는 가격대비 성능이 좋고 유지관리가 편리하다는 등의 장점이 있으나 주요 자재로 하기에는 이미 지어진 주변 건물들과의 차별성이 약했고, 노출콘크리트는 상대적으로 높은 시공비에 웬지 이 동네 분위기와는 어울리지 않는 어색하고 삭막한 느낌을 주었다.

건축주는 튀는 디자인보다는 온기가 느껴지는 차분한 집, 세월과 함께 나이들어 오래 두고 보아도 질리지 않을 디자인을 원했다. 우리나라의 사계절과 정서에 가장 부합하는 YR 계열(오렌지-레드)을 주조색으로 한 치장벽돌을 주요자재로하여 최종 입면 결정. 따뜻한 노란기운이 도는 핑크벽돌은 파릇한 나무와 조경을 돋보이게 하며 주변과 조화를 이룬다.[10]

마이바움 역삼의 또 다른 매력은 바로 로비공간이다.

3평이 채 못되는 아담한 공간이지만 한켠에 마련된 이 장소는 불쑥 집으로 불러들이기 쑥스러운 방문객을 위한 라운지가 되고, 입주자들간에는 소박한 커뮤니티 공간이 되기를 바라는 건축주의 마음씀씀이를 아는 걸까. 대부분의 사람들은 집을 구경하러 들어서는 순간 라운지를 보고, 이집이다! 결정을 했다고 한다.[11]

공간에 여백을 많이 둔 이유는, 이제 이곳에 머무는 사람들이 채워갈 또 다른 흔적들을 위해서이다. 탱고하우스는 컨설팅, 건축설계, 시공, 인테리어디자인의 각 분야 전문가들의 꼼꼼한 조언으로 건축주가 자신의 드림하우스를 만들어 가는 것이다.

10 (왼쪽) 치장벽돌과 칼라강판, 석재를 적절한 비례로 구성하여 외관을 마무리한 마이바움 역삼의 외관 사진. 주변건물과 어우러지면서도 차별화된 고급스러움을 느낌 수 있는 디자인이다.

11 마이바움의 또 하나의 매력인 로비공간, 3평도 안되는 작은 공간이지만 건물을 들어설때의 인상을 좌우하는 큰 역할을 한다

HELLO!
MAI BAUM

2

기존 오피스텔이나 아파트의 획일화된 평면 구조에서 벗어나 소형주택만이 가질 수 있는 실용적 매력들을 한층 더 강조하는 것, 그것이 바로 탱고하우스만의 차별성, 경쟁력일 것이다. 작지만 강한 주택.

이제 역삼동 마이바움의 내부를 들여다보자.

왼쪽의 사진은 로비를 지나 입주자 세대까지 이르는 공용공간이다. 복도는 심플하고 청결한 인상을 주며 양쪽은 모두 넓은 창으로 계획되어 채광은 물론 환기까지 고려하였다. 차분한 느낌의 컬러계획과 적절한 위치에 감각적인 사인계획이 되어있다.[12]

다양한 수요계층의 요구를 최대한 수용할 수 있도록 하였기 때문에 층마다 평면 구성도 다양하다. 1~2인 세대 내부분의 수요를 예상하여 경제적인 소형 평면은 물론, 혼자 살지만 공간을 넓게쓰고 싶은 사람, 원룸이지만 가족이 아닌 두 사람이 쓰기에도 불편함이 없기를 원하는 사람까지 모두 포용할 수 있도록 디자인 되었다. 다음은 이러한 다양한 요구를 반영한 네 가지의 대표적인 평면 타입이다.

TYPE A. 주방과 거실과 침실의 분리형 평면[13]

TYPE B. LDK평면으로 효율성 강조[14]

TYPE C. 테라스 세대[15]

TYPE D. 파티션 수납장으로 MINI-MAX[16]

12 (왼쪽 위) 계단실에서 바라본 복도 모습
(왼쪽 아래) 2층 복도에서 계단실과 엘레베이터홀쪽을 바라본 모습

TYPE _A

13 주방·거실·침실의 분리형 평면
주방의 적나라한 살림살이가
한번에 보여지길 꺼리는
입주자라면…
각 공간들을 기능에 따라
분리하여 프라이버시를
존중하였다.

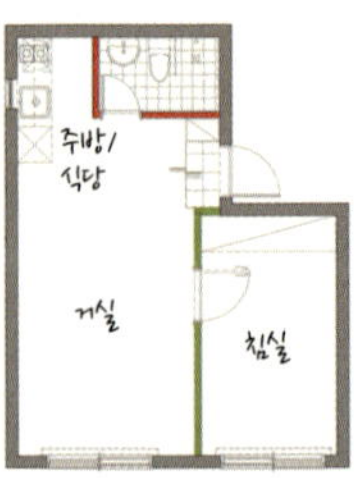

TYPE _B

14 LDK평면으로 효율성 강조
거실과 주방, 식당의 합리적 배치로 침실을 넓게 쓰고 싶은 입주자라면…
특히 5층 세대는 다른 층에 비해 높은 천정고를 확보하여 같은 면적에 비해 훨씬 넓게 느껴진다.

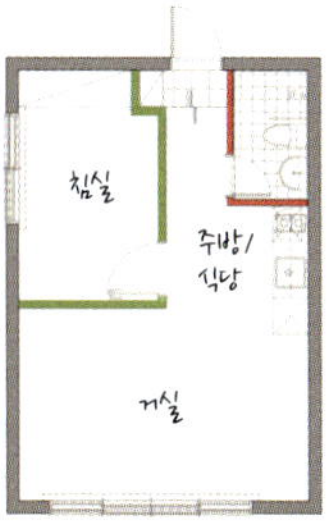

TYPE _C

15 운치있는 테라스 세대
소형주택만의 낭만을 찾는
입주자라면…
흔히들 아파트에서 발코니
확장을 많이 하는데, 전부 다
확장했을 경우 너무도 아쉬운
부분이 이런 실외 공간이다.
싱글이나 신혼부부라면
낭만적인 테라스 까페로,
또는 유틸리티 공간으로
다양하게 활용할 수 있어
입주자들에게 인기가 높다.

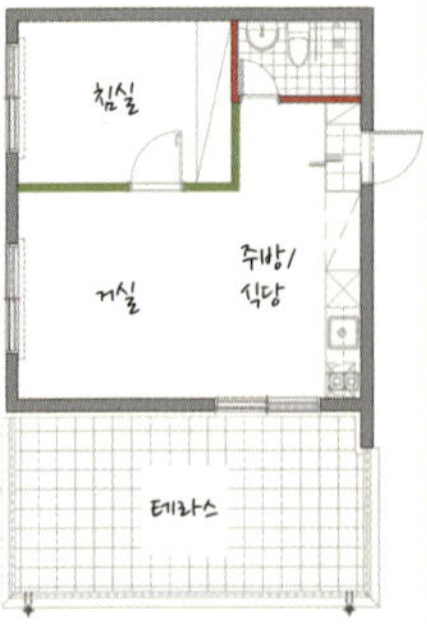

TYPE _D

16 파티션 수납장으로 MINI-MAX
개방감과 실속을 꼼꼼히 따지는 입주자라면…
공간구획을 꼭 벽으로 하란 법은 없다. 가구로 파티션을 만들면 거실쪽에서도, 침실쪽에서도 실속만점 수납장 역할을 톡톡히 한다.

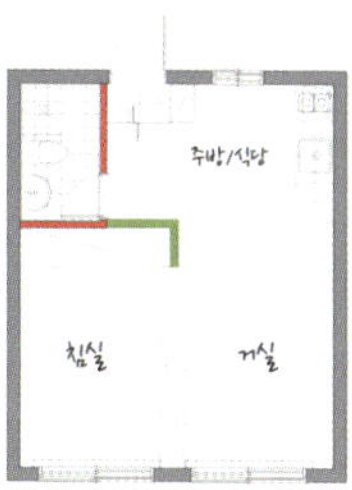

옥상에서 보이는 풍경. 이 곳에서 여름날 옥상파티라도 벌인다면 어떨까? 도시속 익명의 시대, 낯선 개인들이 모여 '우리'로 의지되는 장소.

마지막 공정으로 수목 마이바움 사인이 설치되고 나면, 이곳은 역삼동 탱고하우스 1호점.

위치: 서울시 강남구 역삼동
지역 및 지구: 도시지역, 제2종 일반주거지역
대지면적: 278㎡
건축면적: 164.69㎡
연면적: 607.68㎡
건폐율: 59.24%(법정 60%)
용적률: 198.01%(법정 200%)
규모: 지하1층, 지상5층
용도: 지하1층 - 음악 스튜디오
지상1층 - 입주자 커뮤니티 공간
지상2~5층 - 임대용 주거상품

MAI BAUM Yeoksam
42

러닝코스트는 건설비의 3배!!

건물의 전 생애에 관계되는 원가를 LCC 즉 라이프 사이클 코스트 LIFE CYCLE COST라 한다. 건물 수명을 60년 정도라고 가정하면 LCC는 건설 원가의 약 3배의 유지관리비가 소요된다는 통계가 있다. 그러므로 전체 프로젝트의 원가를 생각할 때에는 라이프 사이클 개념으로 검토하여야 한다는 개념. 1:3 비율로 이니셜코스트에 비해 러닝코스트가 높으므로, 초기 건설 비용이 다소 높더라도 장기적 안목으로 예산을 편성하는 것이 바람직하다.

부록

1. 주택시장, 이젠 개발이 아닌 관리의 시대

2. 용인 반디나비마을 현장투어

주택시장, 이젠 개발이 아닌 관리의 시대!

부동산시장이 빠르게 임대시장으로 전환 되면서 기업형 주택 임대관리업이 업계의 새로운 블루칩으로 떠오르고 있다. 기업형 주택 임대관리업은 주택임대료의 가치를 평가해 임대가를 결정, 임차인를 모집하고 계약, 관리, 임대료 징수 등을 전문적으로 하는 사업을 말한다.

주택 소유자는 이 같은 전문 관리업체의 도움을 받아 월 임대료 미납이나 공실, 기타시설관리 대한 부담을 덜고 수익의 극대화를 도모할 수 있는 편의를 누릴 수 있다.

기업형 주택 임대관리 회사가 뜨는이유

임대를 목적으로 하는 주택의 유지·보수 및 개량, 임대료 징수 및 임차인 관리, 그 밖에 임차인의 주거편익을 위한 업무를 수행하는 업무를 주로 한다.

임대인으로서는 임대료 체납 등 악성 임차인 퇴거문제를 직접 부딪치지 않고도 안정적 수익을 확보할 수 있다. 또한 임대인의 불성실한 시설관리를 보완하고, 임대인으로부터 임차인의 재산손실 위험을 차단할 수 있을 뿐만 아니라 임대보증금을 낮출 수 있어 임차인으로서도 경제적 부담을 덜 수 있다. 사회문제로까지 비화되는 임대—임차인간의 분쟁과 고충이 상당하므로 주택임대관리 시장에 대한 역할 기대가 매우 긍정적이다.

특히 주택 임대관리와 관련해서 여러 기업들이 임대 사업에 뛰어들 것이다. 현재는 중개업소에서 다세대주택, 원룸 등의 임대

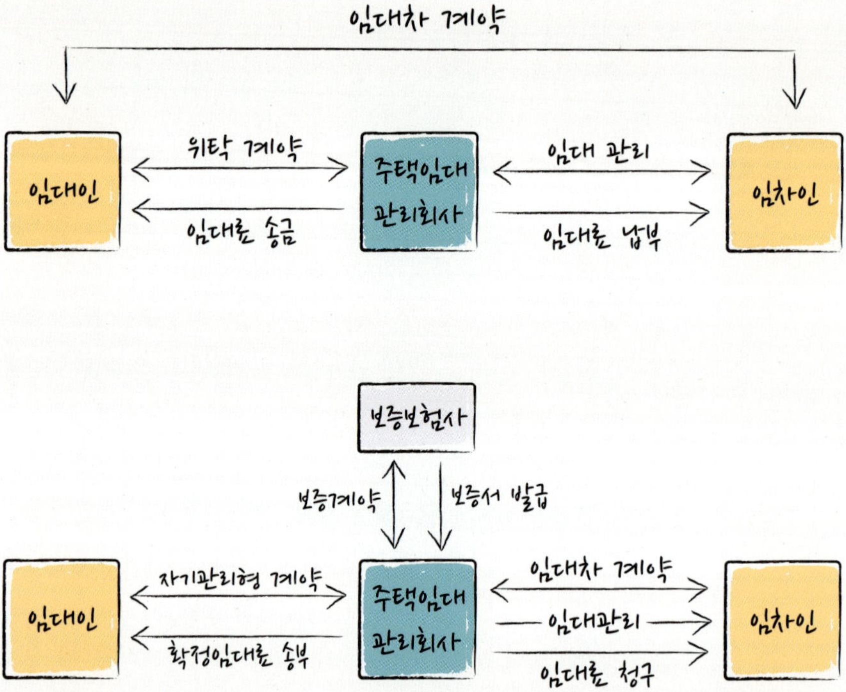

1 기업형 주택 임대관리 시스템
(위) 자기관리 시스템
(아래) 위탁관리 시스템

관리를 하고 있는 터라 제대로 된 서비스가 이뤄지지 않고 있는 상황이다. 이 분야에도 제도의 틀이 마련되어 체계적인 서비스가 가능해지면 기업이 건물주 대신 미분양 물량을 월세로 전환, 임대 관리하며 매매나 거래도 활발해져서 임대인, 임차인 양쪽 모두의 삶의 질 향상에 기여할 것이라 본다. 기업형 주택 임대관리 사업은 크게 두가지 방식으로 이루어진다.[1]

위탁관리는 임대인과 임차인이 각각 주택임대 관리회사와 계약을 맺고, 주택임대 관리회사는 정해진 수수료를 취하여 시설 및 임대관리를 하는 방식이다.

이에 반해 자기관리는 마스터리스 & 서브리스라고 불리는 방식으로 토지소유자가 임대주택을 건축하면 주택임대관리회사는 임대주택소유자에게 5년~10년간 공실율과 관계없이 전체 임대면적이 80%~85%의 임대료를 지급(마스터리스)하고, 주택임대관리회사는 나머지 15%~20%의 임대면적을 일반인을 대상으로 임대차계약을 체결(서브리스)하여 수익을 확보하는 구조이다. 위탁관리의 경우 토지주, 건물주는 리스크에 대한 부담없이 안정적인 수익을 취할 수 있다.

일본 주택임대관리 비즈니스모델

주택임대관리업은 일본에서 이미 40년 전부터 도입되어 성공적으로 진행중인 검증된 상품이다. 일본의 경우 임대주택 정책이 민간이 중심이 되어서 임대주택 정책을 주도하고 있다. 민간임대주택공급이 공공임대주택공급을 이미 추월하였을 만큼 주거에 대한 인식이 소유에서 임대로 전환된 지 오래이다. 국가 정책 역시 이를 위하여 소형임대주택 뿐만 아니라 중·대형

2 일본의 기업형 임대관리 사업자인 「레오팔래스21」의 홈페이지 (www.leopalace21.com)

3 일본 에이블사 전경

임대주택에 대해 여러 지원을 입체적으로 지원해오고 있다.

버블 경제 이후, 장기 불황속 매수심리 위축으로 부동산 거래량은 크게 감소하고 있는 반면, 임대주택 등의 전·월세 수요는 꾸준히 증가하는 일본 부동산 시장에 임대료 징수부터 주택시설 개·보수에 이르기까지 임대주택 관리에 필요한 '토탈 주거 서비스'를 전문적으로 제공하는 주택 임대주택관리업으로 하여금 부동산, 건축시장에 활력을 불어넣고자 하는 전략인 것이다.

일본의 대표적 주택임대관리 전문회사 중 「레오팔래스21」은 일본에서도 규모가 큰 임대관리회사이다. 「레오팔래스21」은 장·단기목적의 거주 외국인, 싱글족,유학이나 출장, 등을 임대관리 하고 있으며 서브리스 방식으로 운영 하고있다.

「레오팔래스21」 성공은 다른 주택에 비해 임대시 비용이 저렴하게하고 보증인이 필요 없으며 네트워크를 통해 다른 곳의 임대의 가능하다는 것이다. 건축시 원가절감을 통한 매출을 높이고, 토지주의 수익를 만들어 투자를 유도할 수 있는 구조이다. 외,내부 디자인 및 시공시 원가를 낮추고,차별화하고 전화, 인터넷, 유선방송, 기타 서비스(전화, 인터넷)를 통한 부가수익을 극대화했다.

「레오팔래스21」의 사업방식 및 상품의 주요특징은, ①토지주에게 건설사업으로 인한 건설·분양·공실 리스크가 없다 ②토지주에게 일정수익율을 보장하기 때문에 건설경험이 없는 토지주는 리스크에 대한 부담없이 안정된 수익확보가 가능 하다 ③「레오팔래스21」의 임대주택 시스템은 이미 구축된 60만

개 이상의 객실을 기반으로 하여 회원제를 통하여 중개수수료 없이 다양한 임대주택의 위치, 평형, 가격을 제공하고 있어 소비자의 편의성 및 다양성을 만족시킨다. 예를 들면 이직 등 개인적인 사정에 의하여 불가피하게 이사를 하여야 할 때에도 편리하게 같은 「레오팔래스21」의 임대주택에 거주할 수 있다. 그리고 중개수수료 등이 없어 초기 비용 부담이 적고, 생활에 필요한 전자기기와 가구가 비치되어 있으며 단기간 임대도 가능하다.

대동건탁은 건설업을 기반으로 임대관리를 하는 회사이며, 에이블은 중개업을 기반으로 네트워크와 마케팅을 결합한 사례, 스미모토 부동산은 높은 신용도를 활용하여 상업용 부동산과 복합 개발 등의 보완적 사업을 하고 있는 임대관리회사이다.

일본에서는 마스터리스 & 서브리스 구조를 통해 주택임대관리업에 참여하고 있는 회사는 크게 ①대형건설회사 기반 ②중개회사 기반 ③종합부동산회사 기반으로 나눌 수 있고 대부분 대기업이 참여하고 있다.[4]

4 일본 기업형 주택임대관리업의 유형

유형	내용	대표적인 회사
중개업 기반	임대중개업 중심으로 중개관련 사업 중개네트워크와 마케팅능력 결합	에이블
건설업 기반	개발단계에서부터 시공건설 포함 서브리스를 활용한 장기 임대보증	레오팔레스21 타이토켄타쿠
부동산회사 기반	풀라인업과 높은 신용도를 활용함 상업용부동산, 복합개발의 보완적 사업	스미토모부동산
리츠 기반	리츠가 임대주택을 기초자산으로 운영 자금조달과 투자체 운영면에서 AM 중시	미쓰이 주택리스 (일본 부동산 어코모데이션 투자법인)

1~2인 가구의 EVERYTHING

우리나라 역시 장기불황의 터널에 들어섬에 따라 부동산 시장이 빠르게 변하고 있다. 그중 가장 큰 이슈는 '소유에서 임대로'의 변화일 것이다. 국가도 정책적으로 공공임대주거상품을 늘려가고 있으며 이에 따라 기업형 주택임대 관리업이 큰 주목을 받고 있다.

소형주택 전문기업인 수목건축과 대한민국 1위경제지 매일경제가 합작하여 만든 회사, 플러스엠 파트너스는 한국의 대표적인 기업형 임대관리 회사이다. 매일경제의 네트워크와 수목건축의 주택 노하우가 시너지 효과를 내며 공실률 제로 집찾기 사람찾기, 임대관리 뿐 아니라 시설관리, 리모델링, 생활서비스 등 다각도에서 입체적 서비스를 제공하고 있다.[5]

플러스엠이 특히 주목하는 고객층은 가파르게 증가하고 있는 도시속의 1~2인 가구이다. 기존 부동산 네트워크의 단순 중개

5 +M 중개네트워크 다이어그램
01_ 임대관리
02_ 매매
03_ 시공·리모델링

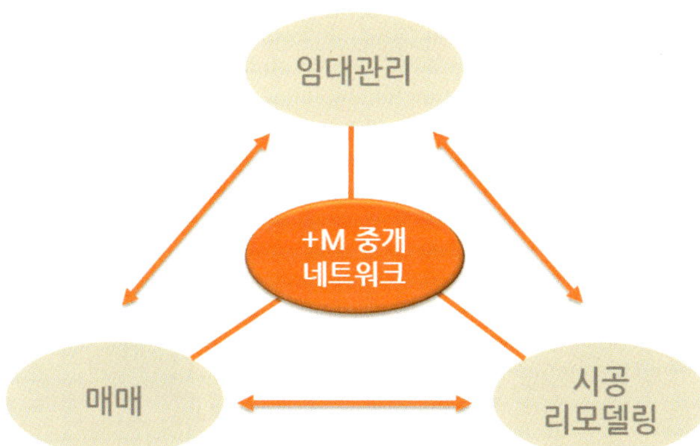

서비스를 넘어 입주자의 라이프 스타일을 디자인, 새로운 주거 문화를 창출하고자 한다. 내 집 찾기는 투명하고 믿을 수 있는 계약만이 전부는 아닐 것이다. 지친 나의 하루를 위로해주는 청결하고 밝은 집, 입주자들간의 커뮤니티가 활성화된 안심 하우스, 가끔은 기분전환 삼아 바꿔볼 수 있는 벽지, 가구…

인생의 짧은 시간, 머물렀던 흔적이 추억이 될 수 있게끔 세심한 컨텐츠가 구축, 서비스되는 곳이 바로 플러스엠이다.[6]

이제 당신이 집으로 오는 길, 어느 모퉁이에서든 친근하게 자리한 플러스엠 매장을 만날 수 있게 될 것이다. 망설이지 말고 들어가 차 한잔하자. 나를 위한 또 다른 집이 그곳에서 당신을 기다리고 있으니까.[7]

6 플러스엠 홈페이지 (www.plus-m.co.kr)

7 플러스엠 오프라인 매장 이미지와 간판 이미지

주택시장,
이젠 개발이 아닌
관리의 시대

관리의 신이 제안하는 주택임대관리 10가지 노하우

01 공실이 많다면 방을 환하게 밝혀라

암흑은 또 다른 공실을 부른다!

02 주변 시세를 항상 확인하라

임대 가격을 재구성해야 수요자가 관심을 보인다

03 임차인이 오기만을 기다리지 마라

지금은 수요자를 직접 찾아나서야 한다

04 주변 공인중개사사무소 직원을 가족으로 생각하라!

05 임차인의 민원을 신속히 해결하라

임차인은 또 다른 임차인을 소개시켜 준다

06 입주자가 필요로 하는 생활서비스를 제공하라

07 보안에 신경써라

08 입주자와 자주 컨택하라

09 건물을 브랜드화시켜 상품 가치를 높여라

10 주택임대관리는 전문업체에 위탁하라

지난 8월 2일 금요일, 수목건축의 "행복마을 만들기 프로젝트"에서 처음으로 선보이는 경기도 용인 수목 마이바움 반디나비 마을 현장투어 1기가 진행되었다. 서울의 아파트 전세값으로 마련하는 근교형 탱고하우스. 2억원대의 합리적인 가격으로 1:1맞춤 건축서비스를 만나볼 수 있는 아주 좋은 기회이다. 철저히 수익형으로 주거상품을 개발해온 수목건축이 함께 더불어 사는 인간중심의 마을 공동체를 제안한다. 멤버십 제도로 운영되는 행복마을은 총 50채의 탱고하우스와 1동의 커뮤니티센터가 들어설 예정이다.

오후2시,
모든 참가자 분들이 수목건축 본사로 자리해주셨다.
반디나비 마을로 출발하기 전 수목건축의
"수목 마이바움 마을만들기"에 취지를 수목건축 서용식
대표가 설명중이다. 제2의 새마을운동이라 불리우는
도시재생, 마을만들기에 대한 현 정부정책에 대한 이해를
돕고, 앞으로 우리가 나아가야할 마을만들기의 모습에
대하여 살펴보는 유익한 시간을 30분 정도 가진 후 출발.

마을로 출발하기 위한 버스에 탑승한 후 약 40여분을 달려 수목 마이바움 반디나비 마을에 드디어 도착하였다. 반디나비 마을은 강남에서 30분, 분당에서 15분 거리에 위치해 있으며 영동고속도로 확장개통, 동백~마성 간 도로 등이 개통되어 접근성이 용이하고, 용인 에버랜드 3분거리, 지산CC, 아시아나CC등 10여 곳 골프장 인접, 용인농촌테마파크, 지산리조트 등 레저 및 문화시설이 풍부하다. 또한, 서울대학교병원, 용인 세브란스병원, 용인시청, 이마트 7분거리 등 입지, 생활 편의시설이 우수한 주거환경을 가지고 있다.

반디나비 마을에 내리기 전, 버스로 마을을 한 바퀴 돌아보며 마을 곳곳의 풍경을 감상해보자.

'MBC 우결마을'로도 유명한 반디나비 마을의 샘플하우스에 들어가서 마을에 대한 설명과, 입주절차, 행복마을멤버십 가입방법 등을 안내 받고 샘플하우스 곳곳을 소개해드리는 시간을 가졌다.

참가자 분들을 위한 다과도 먹음직스럽게 준비되어 있다. 커피한잔 하시면서 여유롭게 소파에 앉아 음악도 듣고, 창밖으로 보이는 반디나비 마을의 아름다운 풍경을 감상하며 공간 곳곳을 마음껏 돌아보았다.

이 곳은 실제 입주자 분들이 짓게 될 샘플하우스이다. 알찬 공간으로 채워진 내부를 둘러보며, 앞으로 살아가게 될 삶을 꿈꾸며 담소를 나누시는 모습을 보면 저절로 입가에 미소가 떠오른다.

다시 모여 반디나비 마을을 돌러 본 후기를 공유하고,
참가자 분들의 질문을 받는 Q&A시간을 가진 후
이 곳 마성리 마을 이장님의 소개와 인사를
끝으로 현장투어가 마무리되었다.

꿈을 안고 만나는 자리였던 만큼
서로간의 좋은 에너지를 나누고 다음을 이야기하는 사람들.
이들의 행복한 이야기, 근교형 탱고하우스
마을 스토리는 2014년을 기다려보자.

단순한 집 대신 '공동체' 분양합니다

[2013-08-19 동아일보 정임수 기자 imsoo@donga.com]

경기 용인시 처인구 포곡읍 마성리 일대 1만6500m^2 터에는 하얀 회벽으로 지은 2층짜리 단독주택 2채가 들어서 있다. 이곳에는 회벽과 목조가 어우러진 프랑스풍 단독주택 48채가 더 들어설 예정이다. 소형주택 전문기업 수목건축과 하우종합건설이 짓는 집들이다.

눈에 띄는 점은 돈이 있다고 아무나 이 집을 살 수 있는 건 아니라는 것. 일단 가입비 10만 원을 내고 수목건축이 진행하는 '행복마을 만들기' 멤버십에 들어야 한다. 그런 뒤 '마을 만들기 교실'에서 집짓기뿐 아니라 마을공동체를 형성하는 법을 배워야 한다. 이웃과 함께 즐길 수 있는 취미활동을 고안해내고, 주민들끼리 운영할 카페 같은 공동사업도 구상해야 한다. 서용식 수목건축 대표는 "입주 전에 자연스럽게 이웃이 될 사람들과 어울리며 가치를 공유하게 된다"며 "공동체를 이루는 데 어울리지 않는 사람은 거주할 수 없다"고 말했다.

지방자치단체에 이어 민간기업도 '마을 만들기'에 나서고 있다. 더불어 사는 삶, 공동체적 삶을 꿈꾸는 사람들이 늘면서 건설사들이 이를 겨냥한 주택단지를 선보이고 있는 것이다.

이웃과 함께 취미활동, 수익사업도

용인에 조성 중인 마을은 수목건축의 첫 번째 마을 만들기 프로젝트. '반디나비마을'이라고 이름 지었다. 주택 전문기업답게 마을 '하드웨어' 구축에 신경을 썼다. 집은 수요자들이 선호하는 79m^2, 105m^2의 중소형으로 구성된다. 집값도 79m^2는 2억7000만 원, 105m^2는 3억7000만 원으로 그리 높지 않다. 살고 싶은 주택 규모를 택하면 라이프스타일에 맞춰 설계해주는 것도 특징. 젊은 부부라면 어린 자녀를 위해 집을 맞춤 설계하는 식이다.

반디나비마을 입구에는 주민들이 함께 취미활동을 할 수 있는 400여 m^2 규모 커뮤니티센터가 이미 완공됐다. 악기연습이나 영화감상을 하도록 방음시설을 갖춘 공간도 마련됐다. 이곳에서 주민들은 함께 커피숍을 운영하며 수익사업을 벌이거나 목공예 작업소를 운영할 수 있다.
서 대표는 "주민을 위한 다양한 커뮤니티 프로그램을 운영할 것"이라며

"단순히 집만 짓는 게 아니라 지속가능한 공동체 형성을 돕는 게 우리 임무"라고 강조했다.

이런 프로그램은 대표적 주민공동체로 꼽히는 서울 마포구 성산동 '성미산마을', 강북구 수유동 '재미난마을'에서 착안한 아이디어다. 이들 마을은 공동 육아를 시작으로 주민이 공동투자한 카페와 유기농음식점, 마을사랑방 '재미난 카페', 주민 밴드인 '재미난 밴드' 등이 생겨나며 유명해졌다. 서울시도 이런 마을공동체 지원 사업에 올해 222억 원을 투입하는 등 2017년까지 975곳의 마을을 조성할 계획이다.

"공동체 요구 만족시켜야 수요자 잡아"

반디나비마을이 기존 단독주택 단지와 차별화되는 또 다른 특징은 베이비 부머를 위한 임대수익형 주택을 짓는다는 것. 주택업체가 임대수익을 올릴 수 있는 구조로 집을 지어주고, 세입자도 직접 구해준다. 예를 들어 79m² 2층짜리 단독주택을 3층으로 올려짓고 위층에 별도 출입문을 달아 게스트하우스로 활용하는 식이다. 최수영 하우종합건설 대표는 "테마파크 에버랜드가 5분 거리에 있어 지방 관광객이나 중국인 관광객을 유치할 수 있다"고 말했다.

수목건축은 경기 김포시, 파주시, 안산시 등에도 근교형 마을을 추가로 지을 예정이다. 한 금융공기업으로부터 경기 광주시 약 9만 m² 터에 40, 50대 고객을 위한 마을을 지어달라는 요청도 받았다. 제주시 조천읍에는 3층짜리 단독주택 40채로 이뤄진 마을을 조성해 일부 가구는 2, 3층을 게스트하우스로 활용하고 일부는 1층에 빵 굽기, 공예품 만들기 등의 재능기부 작업장을 만들 계획이다.

정석 가천대 도시계획학과 교수는 "이제 주택업체들도 수요자가 원하는 이웃과의 교류, 공동육아 등과 같은 공동체의 수요를 만족시켜야 집을 팔 수 있는 시대가 됐다"며 "아파트 단지나 타운하우스 등에도 공동체 공간을 늘리는 추세가 확산될 것"이라고 설명했다. 박현찬 서울연구원 선임연구위원은 "구도심 재개발 등 주거정비사업에도 마을공동체 만들기가 병행돼야 할 것"이라고 말했다.

원문출처
http://news.donga.com/3/all/20130818/57090708/1

에필로그

우리 동네, 더 나은 주거문화 만들기

미래 주택시장과 주거 트렌드의 변화

주거는 인간의 기본적 욕구 중 하나로, 물리적 거주공간인 주택을 만들고 기거하는 방식은 각 문화권과 시대적 흐름에 따라 다양하게 표현되어왔다. 주거는 그 지역의 자연환경적 요인과 더불어 사회·심리적 요인, 라이프스타일 등에 의해 다각적인 영향을 받으면서 고유의 문화적 특성을 갖게 된다. 급변하는 사회구조 속에서 우리의 주거문화 역시 빠른 속도로 변화하고 있다.

오늘날의 주거문화를 한마디로 설명하는 것은 사실상 불가능한 일이다. 과거와 달리 현대사회는 그 변화와 발전의 속도를 가늠할 수 없을 정도로 급변하고 있다. 이런 속에서 우리의 주거문화가 어떤 모습으로 전개될 지에 대해 의문을 갖지 않을 수 없다.

이미 수많은 학자들이 미래사회에 대해 다양한 예측을 했으며 이중 상당부분은 오늘날 현실화되어 나타나고 있다. 대표적인 내용으로 우선 가치관의 변화를 들 수 있다. 과거와 달리 오늘날에는 많은 사람들이 개인화 양상을 보이는 한편 사고체계와 생활방식 등에서 다양화된 특성을 나타낸다. 또한 기술적 측면에서는 정보화, 고기능 첨단화, 제품 및 환경의 사용 편리성을 강조한 간편화, 친환경화, 고층고밀개발 가속화 등이 강조되고 있다. 그밖에 사회적 측면에서는 저출산 고령화 현상에 따른 인구증가율 감소, 자녀수 감소, 맞벌이부부 증가, 직업의 다변화, 주5일제 근무 실시 등에 따른 여가 문화 확산, 1-2인 가구 증가, 다문화 가구를 비롯한 가구유형의 다양화, 마을 만들기 등 새로운 공동체 문화의 출현 등을 들 수 있다.

광의적 차원에서 주거문화란 주거를 중심으로 이루어지는 다수에 의한 전형적인 삶의 방식으로 정의되기도 하며, 한 사회를 특징짓는 하나의 하위문화로 설명되기도 한다.

주거문화를 구성하는 요소로 주택을 비롯한 물리적 공간이나 장소 및 그와 연관되어 나타나는 라이프스타일을 포함시키는 경우도 있다. 결국 주거문화란 그 시대와 지역 및 사회를 구성하는 사람들의 주거에 대한 의식과 요구, 형태와 라이프스타일을 통해 드러나는 다각적인 문화적 양상이라고 정의할 수 있다.

향후 근미래에 나타날 우리의 주거문화는 물리적 차원에서는 인구 및 가구 구성상의 변화 즉 1-2인 가구의 증가와 고령화 추세에 따라 이들의 변화하는 주거요구를 수용하는 방식으로 새로운 주거공간 및 주거유형 등에 대한 수요가 높아질 것으로 보이며 주택시장 역시 이에 대응하는 방식으로 다양하게 변화할 것으로 예견된다. 특히 사회적 차원에서는 변화하는 가족유형 및 소규모화된 가구의 생활방식에 따라 커뮤니티를 중심으로 한 공동체 주거문화와 새로운 이웃관계에 대한 관심이 높아질 것으로 보인다. 따라서 이러한 사회적 관계를 지원하고 뒷받침하는 물리적 공간과 프로그램, 서비스와 정책의 개발이 병행될 필요가 있다.

한편 심리적, 생활복지 차원에서도 앞서 언급된 변화 경향과 맞물려 과학 기술과 전통, 하이테크놀러지와 과거의 향수를 추구하는 아날로그적 감성이 함께 어우러지는 주거문화의 다양성이 강조될 것으로 예견된다.

1~2인 가구 중심으로의 가구구성 변화와 빠른 고령화의 진전, 가계의 실질소득 감소 등의 사회경제적 환경 변화는 앞으로 주택시장이 이전과는 다른 양상으로 전개될 것임을 시사한다. 무엇보다도 도시의 인구변화에 따른 소형주택 수요 증가가 활발하게 이루어질 가능성이 매우 높다.

이러한 시장 환경이 반영된 미래 주택시장 뉴트렌드는 수요와 공급, 그리고 주거복지 서비스 측면에서 각각 다른 형태로 형성될 것이다. 수요측면에서는 주택소유 의식의 변화, 선호주택 유형의 변화, 공급측면에서는 주택규모와 유형의 다양화, 그리고 주거복지 서비스 측면에서는 건강, 의료, 녹색 등 주택의 기능과 성능이 미래 주택시장과 주거의 뉴트렌드를 선도하는 요인이 될 수 있을 것이다.

최근 저출산 고령화 추세 속에서 기존의 핵가족 유형과는 다른 1-2인 및 3인 가구의 증가 현상이 두드러지는 가운데 전반적인 국민의 의식 및 생활패턴 역시 변화하고 있다. 특히 1-2인 가구의 급증에 대응하는 다양하고 새로운 형태의 소형주택의 개발요구가 높아지고 있다. 단 규모가 작은 소형주택의 하드웨어적 단점을 소프트웨어로서의 주거서비스로 보완할 필요성에 따라 앞으로는 공유시설(커뮤니티시설)과 운영프로그램 개발의 중요성이 증가될 것으로 예상된다.

코하우징 Co-Housing

코하우징(협력적 주거, cooperative housing 또는 collective housing)이란 공동체를 중요하게 생각하는 동호인주택 또는 협동주택을 뜻하는 말로, 10~40가구 정도의 소규모 공동체를 이루는 주거유형으로 각 가구들은 혈연으로 묶이지는 않았지만 확대가족과 유사하다. 각 개인이 소유한 주택은 개인의 안전과 비밀을 보장하고 있으며, 공동시설로는 식당, 부엌, 세탁실, 회의실, 집회실, 놀이방, 기타 공동 옥외공간을 갖추고 다양한 공동체 활동을 한다. 독립적인 단일 가족의 생활을 영위하면서 서로 도울 수 있는 식사, 탁아 등에서는 공동 프로그램을 운영하기 때문에 독신가구나 편부모가구, 맞벌이가구, 노인가구 등이 서로 협동하며 살아갈 수 있다.

이웃과 단절된 삶을 살던 사람들이 새로운 공동체에서 다른 사람과 좋은 관계를 맺고 살아가게 된다. 사람들과의 관계를 통해 핵가족에서 경험하지 못한 인간관계의 도움을 얻으며, 성, 평등, 세대 간 의사소통의 원활함 등 개인의 성장기회를 넓힐 수 있다.

코하우징은 우리 삶의 감성을 변화시키는 주택이다. 무엇보다도 이는 모든 거주자들 간의 사회적인 상호작용과 의존성, 협동을 강조하는 주거형태이다. 주민들은 코하우징 내 공동생활 시설에서 부엌, 거실, 식당, 운동실 등을 공유하며 공동식사와 주민 회의를 한다. 이 과정에서 단지의 자치 운영, 탁아시설 운영, 취미생활용 공간 마련을 통한 각종 소모임 커뮤니티를 형성한다.

코하우징을 통한 가장 큰 기대효과로 이웃과의 커뮤니티 향상을 꼽을 수 있다. 가구 유형별로 코하우징에 대한 선호 차이를 분석한 연구(정일훈, 김진구, 2012)를 보면, 노인가구와 자녀가 없는 부부는 높은 선호도를 나타낸 반면, 독신 가구와 편부모 가구는 낮은 선호도를 보이는 것으로 나타났다. 또한 집에 머무는 시간이 긴 주민일수록 코하우징을 더욱 선호하지만 집에 머무는 시간이 짧을수록 이에 대한 선호도는 낮았다. 코하우징을 선호하는 주된 이유는 이웃과의 커뮤니티 형성이었다. 결국 코하우징의 도입으로 얻게 되는 가장 중요한 가치와 의미는 주민간의 가사노동 공유보다는 이웃과의 커뮤니티 형성임을 인식할 필요가 있다. 현재 우리의 주거의식 수준은 이러한 주거유형을 수용함에 있어 어느 정도 허용적일까 되짚어 볼 필요가 있다.

1~2인 가구의 상당수가 전통적인 가구 유형에 비해 생활이 불안정하고 경제적 부담이 크다는 사실을 감안할 때 우선 제도적 차원에서 이들을 대상으로 한 한국형 코하우징의 적용 방안을 모색해 볼 필요도 있다. 예를 들어 재건축, 재개발을 통한 국민임대주택 내에 소형아파트 건설시 일정한 비율로 아파트 1층을 중심으로 이들 소형가구를 위한 코하우징 주거를 형성할 수 있도록 하고 그에 상응하는 용적율 인센티브를 제공해 줄 수 있다면 국내에서의 코하우징 적용 가능성이 높아질 수 있을 것이다. 또한 최근 도시계획 트렌드의 하나인 마을만들기와 함께 적용해 본다면 외국의 코하우징과는 다른 우리나라의 문화 및 생활에 맞는 새로운 주거의 트렌드가 형성될 수 있을 것으로 예상된다.

셰어하우스 Share house

셰어하우스란 거실과 부엌 등은 같이 사용하고 침실과 욕실의 개인생활공간은 따로 사용하는 방식의 주택으로, 1~2인 가구가 많은 일본이나 캐나다, 유럽 등지에서는 이미 일반화된 형태이다.[1]

최근 서울시에서는 한 지붕 아래 다수의 1~2인 가구가 함께 어울려 살되 각자의 사생활은 존중하며 살아가는 셰어하우스형 공공임대주택을 시범 공급하였다. 앞으로 이같은 새로운 방식의 1~2인 가구를 위한 공공임대주택 제공을 통해 저소득 1~2인 가구 계층의 주거안정성을 확보하는 동시에 주거공동체 형성을 도모하는 방안 모색이 지속적으로 요구된다.

1 일본의 쉐어형 주택 유형별 특징

유형		특징
쉐어형 주택	게스트하우스	사업자가 전문적으로 경영관리하며 가구, 가전, 일상생활에 필요한 비품 구비. 규모는 2인실 이상이며 최소 5인 이상 최대 100인 이하의 거주자가 공동생활
	룸 쉐어	아파트 등의 공동주택 유니트를 빌려 혈연관계가 없는 거주자들이 동거하는 형태. 개인실, LDK, 욕실, 화장실 등은 공동이용
	하우스 쉐어	집 한 채인 경우로서 룸 쉐어와 유사한 공간구성과 이용행태를 보임 (우리나라의 다가구주택과 유사한 개념)
	밍글 아파트	동성친구 2인잉 공동생활하는 주거형태. 개인실은 열쇠로 관리하며 부엌, 욕실은 공동이용. 전기세와 난방비의 공동이용이 가능하며 비품은 반씩 부담
	하우스 쉐어링	도시재생기구가 행하는 룸 쉐어 타입. 이사율, 공가율이 높은 가족형 가구 주호를 1인 가구에게 임대하는 유형
원룸맨션		10가구 이상이 거주하는 공동주택으로, 주거 전용면적 18-49㎡ 미만인 3층 이상(지하층 제외)의 주택
컴팩트맨션		주거 전용면적 30-60㎡ 정도의 원룸/ 1LDK/ 2LDK 형식으로 공급. 2003~2004년 동안 1만 가구를 넘어선 새로운 주거유형

협동조합주택

협동조합주택은 입주자가 초기단계부터 참여하여 각자의 요구에 부합하는 주거계획이 가능하며 협동생활을 통해 사회적, 경제적 이익을 얻을 수 있는 새로운 주거형태로 평가받아 왔다. 특히 유럽에서는 저소득층을 위하여 국가나 주택협회, 지자체가 공급하는 사회주택의 한 형태로서 협동조합주택이 활발하게 공급되어 왔다.

우리나라에서도 한때 도심을 벗어난 전원주택이나 직업이나 취미가 비슷한 사람들로 구성된 동호인 주택이 주목을 받았지만 그다지 활성화되지는 못했으며, 유럽의 경우처럼 도시 저소득층을 위한 대안적 주거로 협동조합주택이 다루어지지는 않았다. 최근 사회적으로 심각한 문제인 저출산 문제에 대응하는 방안의 하나로 공동육아를 목적으로 한 협동조합주택이 구성되는 등 이와 관련한 실천적 움직임이 조금씩 나타나고 있는 것은 상당히 고무적인 현상이라고 하겠다. 앞으로 주거복지적 차원에서 1~2인 가구를 위한 새로운 주거대안으로 협동조합주택을 활성화하는 방안도 고려할 필요가 있다.

마을만들기

우리나라는 예로부터 이웃 간에 서로 돕고 사는 상부상조의 전통이 있었다. 'Two heads are better than one' 이라는 말처럼 과거에는 이웃 집에 기쁜 일이 있으면 모두 모여 자신의 일처럼 기뻐해 주고 슬픈 일이 있으면 자신의 일처럼 위로해주는 고유의 미풍양속이 있었다. 혹자는 우스개 소리로 한국의 공동체 문화를 단적으로 보여주는 사례로 찌개 그릇 하나에 밥상에 있는 사람들 모두가 각자 먹던 숟가락을 넣고 떠먹는 식사문화를 빗대기도 한다.

이러한 공동체주거문화를 대표하는 상징이 곧 마을 또는 동네이다. 마을은 집과 집이 모여 이루어지는 삶의 최소단위로 지역적 특수성을 바탕으로 한 공동체 집단환경이라 할 수 있다. 따라서 우리의 전통마을에는 다른 곳에서 볼 수 없는 독특한 조화와 아름다움이 있었다. 그런데 오늘 도심 속 우리에게는 과연 우리 마을 또는 우리 동네라고 부를 수 있는 곳이 존재하는가?

마을만들기란 주민 스스로가 자신들의 생활을 지탱하며 편리하고 보다 인간답게 생활할 수 있는 공동의 장을 만들어가는 과정이라는 의미로서, 물리적 환경개선에만 국한되어 있지 않고 공동체 이루기와 문화만들기까지 담고 있는 주민 주도의 생활환경개선 활동을 지칭하는 용어로 생활 깊숙이 사용되고 있다. 주거의 질적 수준을 높이고 삶의 질을 향상시킴에 있어 주거의 사회적 환경이 갖는 중요성을 고려할 때 앞으로 이웃과의 커뮤니티 관계를 좀 더 중요하게 고려하여 마을만들기를 우리나라 주거문화의 새로운 트렌드로 형성할 필요가 있다.

2013년 9월

중앙대학교 주거환경학과 교수

김영주

"우리는 행복한 집을 생각합니다"

● 마이바움 회기

● 마이바움 양평

● 마이바움 청파

● 마이바움 이차산

● 마이바움 효창

● 마이바움 전농

"우리는 꿈꾸는 집을 생각합니다"

탱고하우스

라이프스타일에 따른 1:1 맞춤형 주택

●

2015년 10월 10일 발행 1판 2쇄 발행

지은이 서용식, 김영주 ◎ **진행** 수목문화컨텐츠 ◎ **기획총괄** 박혜련 ◎ **자료기획** 박예람
북디자인&책임편집 이원재 won.bookdesigner@gmail.com ◎ **표지디자인** 정진주
발행인 김기현 ◎ **발행처** 시공문화사 ◎ **등록** 1993년 3월 12일 ◎ **주소** 서울시 서대문구 독립문공원길 13 극동프라자 5층
전화 02)3147-1212, 2323 ◎ **팩스** 02)3147-2626 ◎ **홈페이지** www.spacetime.co.kr ◎ **이메일** spacetime@korea.com

●

ISBN 978-89-5592-273-8 (93540)
값 15,000원

탱고하우스
컨설팅 의뢰하기

풀칠하는 곳

보내는 사람

요금별납

받는 사람

서울특별시 서초구 오금로 111
세기빌딩 8층 수목건축

T. 02-578-3777

나만의 탱고하우스 완성

대지 위치 :
대지 면적 :
탱고하우스의 규모는 ?
지하층 __________(유/무)
지상 __________층
건축면적 :
연면적 :
탱고하우스 구성은?
[1층]
주차장
상가 ____________(유/무 선택)
상가 업종 ____________(희망업종)
[중간층] 임대세대 ____________세대
[최상층] 주인세대 __________(유/무)

[보내시는 분]
성함 :
연락처 (H.P) :
이메일 (E-MAIL) :
연령 :
가족구성 :
직업 :
은퇴예상시기 :
토지보유여부 : 유 / 무

탱고하우스 임대 세대의 타겟은?
- ■ 나홀로산다, P세대
- ■ 기러기족
- ■ 골드싱글
- ■ 홀로노인
- ■ 신혼부부-1 (자녀 무)
- ■ 신혼부부-2 (자녀 유)
- ■ 노인부부

탱고하우스 입면 스타일은?
- ■ 일반형
- ■ 테라스형
- ■ 다락방

외부 마감재
- ■ 석재
- ■ 노출콘크리트
- ■ 치장벽돌
- ■ 미장스톤
- ■ 칼라강판

가구
- ■ 기본세트
- ■ 인출식 식탁
- ■ 인출식 빨래건조대
- ■ 책상 테이블 세트
- ■ 서랍장
- ■ 에어컨장

창호
- ■ 기본세트
- ■ 로이유리적용

가전
- ■ 기본세트
- ■ 빌트인 냉장고
- ■ 가스쿡탑
- ■ 전자레인지

욕실
- ■ 기본세트
- ■ 비데
- ■ 해바라기샤워
- ■ 샤워부스

조명
- ■ 기본세트
- ■ LED(변경)

로비
- ■ 미니멀 스타일
- ■ 내추럴 스타일
- ■ 빈티지 스타일

방범시스템
- ■ 기본세트
- ■ 비디오폰(변경)